凤凰之家

中国建筑文化的城市与住宅

（意）路易吉·戈佐拉 著
刘临安 译

中国建筑工业出版社

图书在版编目（CIP）数据

凤凰之家：中国建筑文化的城市与住宅／（意）路易吉·戈佐拉著；刘临安译. —北京：中国建筑工业出版社，2003
ISBN 7-112-05823-6

Ⅰ. 凤… Ⅱ. ①路… ②刘… Ⅲ. ①城市规划－建筑设计－研究－中国②住宅－建筑设计－研究－中国
Ⅳ. ① TU984.2 ② TU241

中国版本图书馆 CIP 数据核字（2003）第 033307 号

中译本根据罗马 DIAGONALE s.r.l 1999 年版本译出
责任编辑：王明贤　王莉慧

凤凰之家

中国建筑文化的城市与住宅

（意）路易吉·戈佐拉 著
刘临安 译

*

中国建筑工业出版社出版、发行（北京西郊百万庄）
新华书店经销
北京中科印刷有限公司印刷

*

开本：787 × 1092 毫米 1/16 印张：11¼ 字数：270 千字
2003年 5 月第一版　2005 年 5 月第二次印刷
印数：2001–3200 册　　定价：88.00 元
ISBN 7-112-05823-6
TU · 5118 (11462)

本社网址：http://www.china-abp.com.cn
网上书店：http://www.china-building.com.cn

献给
生活之旅相扶将的
玛格丽塔和玛尔塔

目　录

图1 北宋画家张择端的长卷画《清明上河图》，画面反映出北宋都城汴梁（今河南开封）城中街道两侧的市民生活。

图2 汉代画像砖，一只凤凰（朱雀）站立在城门阙的屋檐上。

序

第一次见到路易吉 · 戈佐拉教授是在2002年初复，我们一行三人从德国柏林出发，驾车南行，凭着一份汽车俱乐部的欧洲地图，风尘仆仆用10天走了三千多公里来到罗马。这期间，我们在汉诺威参观了世界博览会，沿途访问了科隆、波恩和慕尼黑，穿越阿尔卑斯山进入意大利，又到过威尼斯和佛罗伦萨。在进入罗马城之前，城市外围的高速公路出入口之多已经预示着这座伟大古都的不朽气派。从1986年离开罗马到这次重返，其间已经相隔十多年，再次来到罗马，既感到亲切，又怀有一种令人心动加速的陌生感。在罗马安顿好之后，已经是夜晚。第二天一大早，戈佐拉教授就来到旅馆，接我到罗马大学建筑系，下午陪我去看维修后的古罗马哈德良广场和罗马废墟。晚上我们一起到罗马大学教授，建筑师保罗 · 波尔多盖希在罗马郊外的庄园去作客。尽管我已无数次来过罗马，但是在戈佐拉教授的向导下访问罗马，绝对胜读十年书。

一年以后，戈佐拉教授陪同波尔多盖希和罗马大学副校长德马约教授访问同济大学并讲学，以后他每年都会来中国访问。就建筑教育与建筑学而言，罗马大学与米兰理工大学、威尼斯建筑大学以及佛罗伦萨大学的建筑学院形成了四个建筑学派，成为意大利乃至欧洲建筑教育和建筑思想最重要的中心之一。意大利的建筑教育已经成为社会的基础教育，每年有数以万计的建筑学专业的学生毕业，而意大利对建筑的需求几乎饱和。建筑师们就只好去从事从城市规划、建筑设计、室内设计到家具设计、灯具设计，甚至画家、教师、作家、政治家等各行各业的工作。意大利文将建筑师称为architetto，因此，我常常戏说是architetto architutto（建筑师万能）。正因为这样，意大利建筑师的才能也是多元的，每个建筑师的理论造诣都有不凡的表现。从戈佐拉教授身上，我们也可以见到这种综合的素质。

作为一名建筑师、规划师，同时也是一位建筑理论家、自由撰稿人，戈佐拉教授非常热爱中国文化，带着虔诚而又热切的态度去研究中国的建筑与文化。他也积极推动罗马大学与西安建筑科技大学、同济大学、清华大学之间的合作交流。

路易吉 · 戈佐拉教授的新著《凤凰之家——中国建筑文化的城市与住宅》于1999年问世。他之所以用凤凰来象征中国的城市与建筑的生生不息和周而复始，是因为凤凰涅磐不仅隐喻着中国文化的永恒，也象征着世界文化在历史更替中的不断成长。

此前，戈佐拉教授写过一本《建筑与类型学》，这是一本用文化的观点来阐述类型学的理论著作。书中关于建筑类型与城市、类型与结构、类型与功能、类型与文化的思想在《凤凰之家》这本著作中也有所体现。他指出罗马城与北京城、罗马住宅与中国住宅在类型学上的相似之处，他的比较研究提出了一个新的视角，他认为中国的城市，甚至家庭，都在追求一种与宇宙和谐的生态关系。戈佐拉教授对中国建筑的结构类型研究也远比其他西方学者深刻而又全面。

一般的西方“中国通”往往有一种通病，用纯粹西方价值观主导下的思维方式来研究中国，用似乎发现了新大陆的心态再现其独特的视角。由于中国文化的博大精深，中国历史的悠久，文献的浩瀚，文字的复杂，哲理的深奥，即使是西方文艺复兴式的通才恐怕也很难避免蜻蜓点水般的研究。很少有西方学者能够以毕生的精力接受中国文化的熏陶，从而全面探索社会和文化的深层次问题，而免于流俗。戈佐拉教授的建筑理论功力使他能够洞察中国建筑的类型学问题，从而让西方读者能全面地理解中国建筑，让中国读者能够多一些视角去认识自己的文化。

刘临安教授与戈佐拉教授是多年的好友和学术上的同事，他们曾经共同主编出版了《意大利当代百名建筑师作品选》(2002),刘临安教授曾经于1992至1994年在罗马大学建筑学院作为访问学者研修两年，参透了西方文化的精华。作为世界上最古老的都会，在冥冥之中，罗马和西安无疑有着某种气质和城市空间上模糊的联系，这种联系的隐喻和象征因素也许比真实的物质形态更为重要。刘教授是当代中国杰出的青年学者，对中国古代建筑史和建筑遗产保护的研究颇有造诣，由他来翻译这本书是再恰当不过的了。

戈佐拉教授知道这本《凤凰之家》只是以中国北方建筑为核心的局限性，正在着手写一本关于中国南方地区建筑的论著，作为《凤凰之家》的续篇，我们期盼这本未来论著的早日出版。

中国科学院院士，同济大学教授　郑时龄

引　言

安德烈 · 马尔洛(André Malraux)在短篇小说《西方的诱惑》里塑造的主人公凌武义(Ling W.Y)是中国思维方式的化身。他在一次欧洲旅行中，写信给法国朋友A. D.，描述他在欧洲艺术面前所产生的惊愕。他认为这种向外显露和令人激动的西方艺术无法与东方艺术所追求的内敛和安详相融洽。信的结束语是这样写的："艺术家不是创造者，而是感受者"。

对一个欧洲人来说谈论中国建筑并不容易，可能会遇到我所遇到的问题，即发现中国同事对待一所建筑的评价标准，不仅在文化判断上、而且在情感上，不但与欧洲人的标准不一样，有时恰恰相反。的确，我们艺术作品的前提是无节制的个人主义和无休止的"理念"探索，表现得或者说恰好是与中国文化的集体主义和"永久意志"背道而驰。

凤凰与龙、龟、夔龙一样，被认为是中国四大神兽之一（通常中国的四大神兽是青龙、白虎、朱雀、玄武——译注），一种东方部落的图腾。这是中国神话表达出的古老久远的形象之一， 这种形象大约起源于新石器时代，就如今天所知道的早期图腾形象中的女娲和伏羲这一对人身蛇尾的兄妹一样。 但是，对于凤凰的起源仍然无法考证，可能与龙同时代产生。龙的身体似蛇，生有趾爪、犄角、鳍尾和鳞片，逐渐发展成为中国文化的象征。

凤凰的象征可以让人联想到太阳、生命、不朽、南方、夏天、火焰和红色。在中国的帝王文化中，雌性凤凰是皇后的象征，与龙为皇帝的象征相反。凤凰被表现为一种长尾拖曳的大鸟，全身融合其他动物的特点，如鸡嘴、龟背、蛇颈，有时尾部呈鱼样的鳍尾，具备所有来自东方的色彩。同时，根据神话传说，凤凰又是仙人的坐骑，上天派她下凡，开创了商朝（公元前1600 －前1100年）。

在西方神话中，中国的凤凰通过中东（阿拉伯人称为长生鸟）而传入；再经过埃及、希腊和罗马人的加工，它被赋予了周而复始、死而再生的不朽特征。很少有像凤凰那样的神话如此广泛地留传。

图3　商代青铜器上面的凤凰形象。

第一章
北京与中国城

北京与中国城的宇宙观

凤凰之巢

现在的北京城是在15世纪初的京城的基础上建立的。北京曾一度称为北平，寓意北方之平安，后来逐渐围绕着被毁为灰烬和废墟的北平城的核心而发展起来的。北平的历史相对其前身作为大都而言，可以说是微不足道的。追溯大都的历史，它是公元1267年忽必烈帝国建立的首都。当年的大都是富丽堂皇的，以至于马可·波罗(Marco Polo)在他的《游记》中充满着明显的溢美之词。然而，大都又是在公元1215年被成吉思汗摧毁的金代中都的基础上建立的，中都是金代女真人给南京（或称燕京）起的新名称。汉代这里为幽州，辽国的契丹

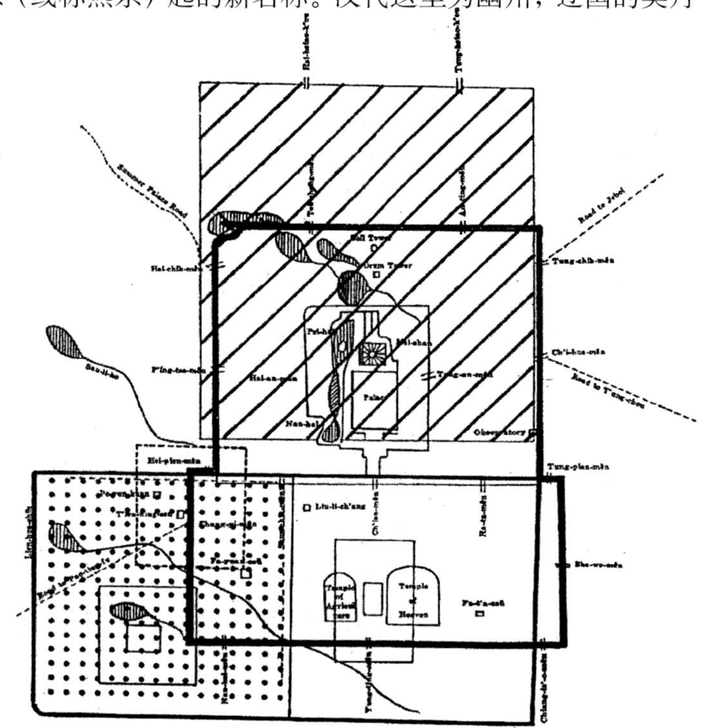

图4　北京作为都城的历代位置演变图。传建于公元前1100年的商朝，西周时为燕国的都城—蓟，毁于公元前221年。

细虚线：汉代至唐代的幽州，建于公元前206年，毁于公元936年。

粗点线：辽代的南京城，又称燕京。

中实线：金代的中都城，建于公元1160年（一说1125年），毁于公元1215年。

粗斜线：元代的大都，又称汗八里，建于公元1267年。

粗实线：明清的北京城，公元1406年初建，公元1421年竣工，公元1564年扩建。

人于公元936年在幽州建立的都城，相对于辽东的都城，他们把这里称为“南京”或“燕京”。再向前追溯，这里是史书传说中的蓟城，大概建于公元前1100年的商朝，以后这里成为燕国的首都，直至公元前221年被统一中国的第一位皇帝秦始皇所灭。

现在的北京城就象凤凰一样，在数千年的历史更替中，总是从自身的灰烬中站立起来。每经历一位改朝换代的“主人”，它便更改一次名字。可是，令人啼笑皆非的事情却发生在当代，1966年文化大革命期间，北京的城市化方针被否定，而是提倡城市乡村化。

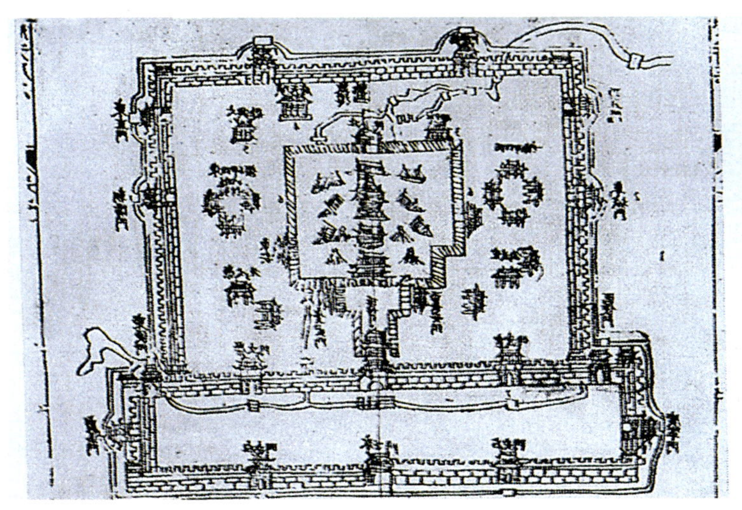

图5 1593年的北京城。清楚地表明了城市结构的基本元素，城墙、城濠、城门，以及北面穿城而过的一条水道，直接到达皇城的外侧（左上）。

图6 明代北京城平面图。图中表明三重城墙的关系，矩形的城墙、正交的道路、蜿蜒的五个湖面、城南的天坛和先农坛（左下）。

图7 1406年的北京城。由里及外的三重城墙分别为宫城、皇城以及当时称呼的鞑靼城（右上）。

图8 清代乾隆时期（1736-1795年）的皇城和紫禁城（右下）。

北京，一个中国城

宏伟的大都于1368年8月2日被奉洪武皇帝之命攻占京城的大将徐达毁于一旦。洪武是朱元璋的年号，他在同一年成功地领导了反对元蒙的起义，夺取政权后建立了明朝（公元1368－1644年）并迁都南京。自此以后的北京城变得无足轻重，退化为一个普通的行省政府，即北平府。

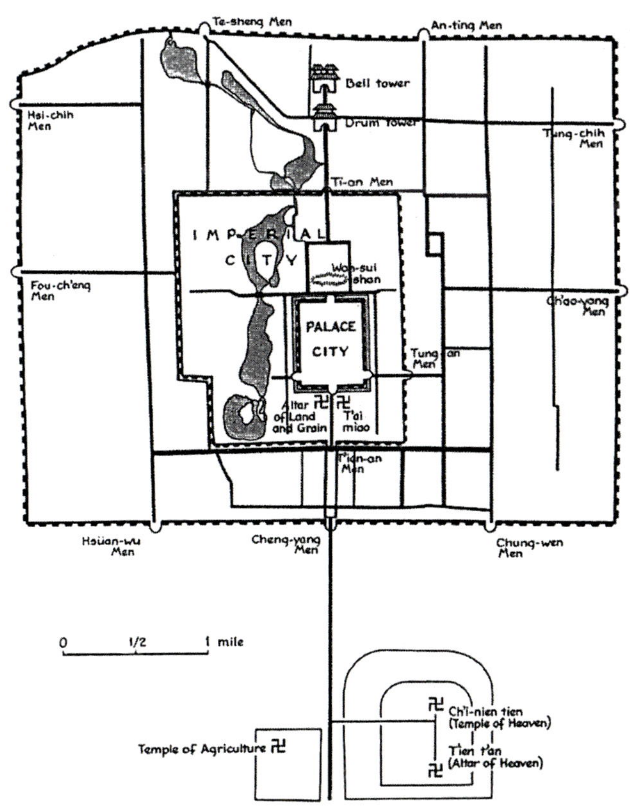

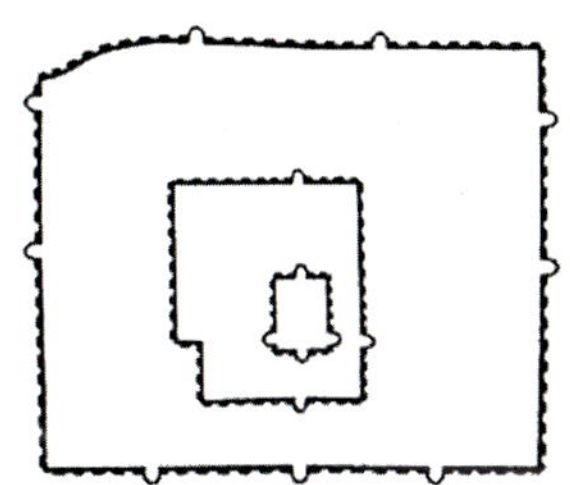

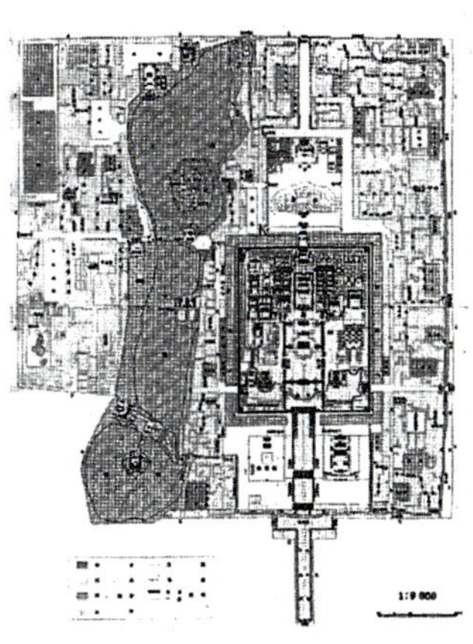

但是朱元璋的儿子朱棣被贬到北平府后，从这儿率军出发，打败了另一个想争夺皇位的侄儿朱允炆，并于1406年在这里开始修筑城墙。以后这座城市竟成了为期五百年之久的皇朝首都。它的城墙高12m，宽10m，共用了15年时间才建成。皇宫于1417年至1420年期间建成；大型庙宇和祭坛都建于1420年和1421年间；1421年永乐皇帝朱棣正式把朝廷迁入新城，称之为北京，并把它作为明朝的都城。清朝沿用旧都不改，一直到1911年中华民国宣告成立，作为都城的历史才告结束。

就像中国传统的大盒子套小盒子的游戏，北京城的原始核心建立在一个三环相套的城里，中心是宫城中的太和殿（朝觐的宫殿，宫城中的最主要的建筑）。这些城或方形或矩形，由城墙分开，构成一个统一的城体。三环相套的城中，最里面的

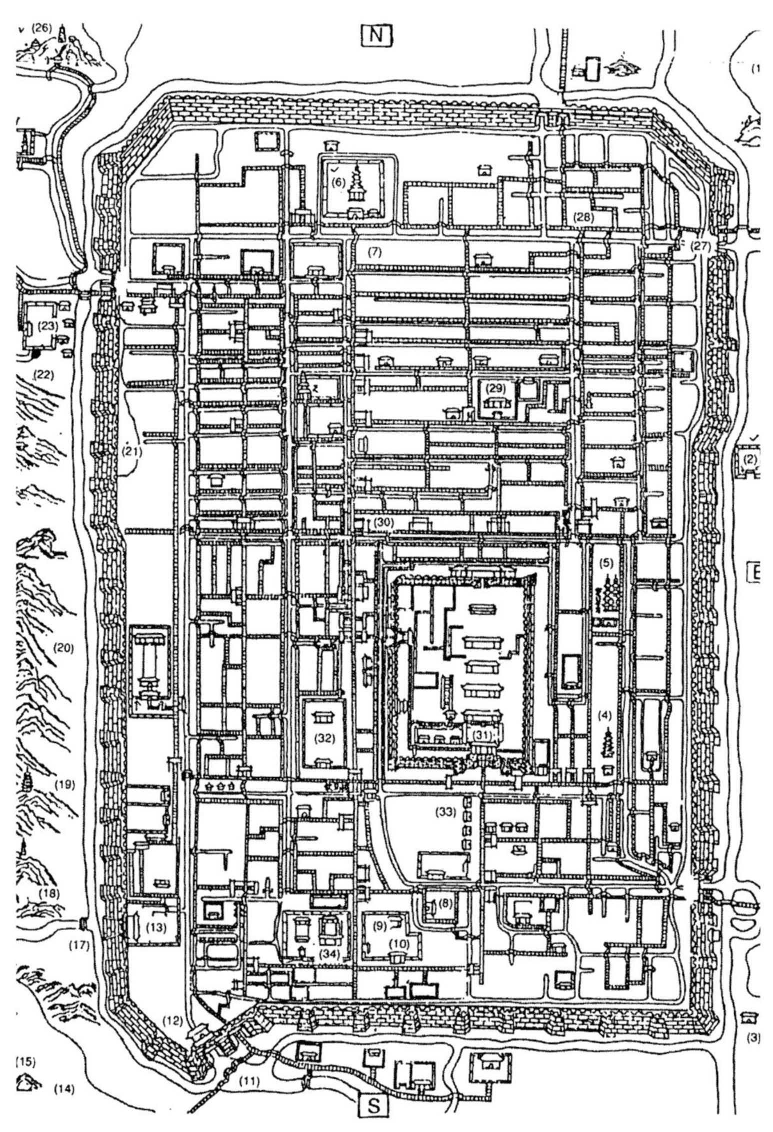

图9 宋代平江（今江苏苏州）城图。图面上再现了城墙、河道、街道和位于城中的府衙。

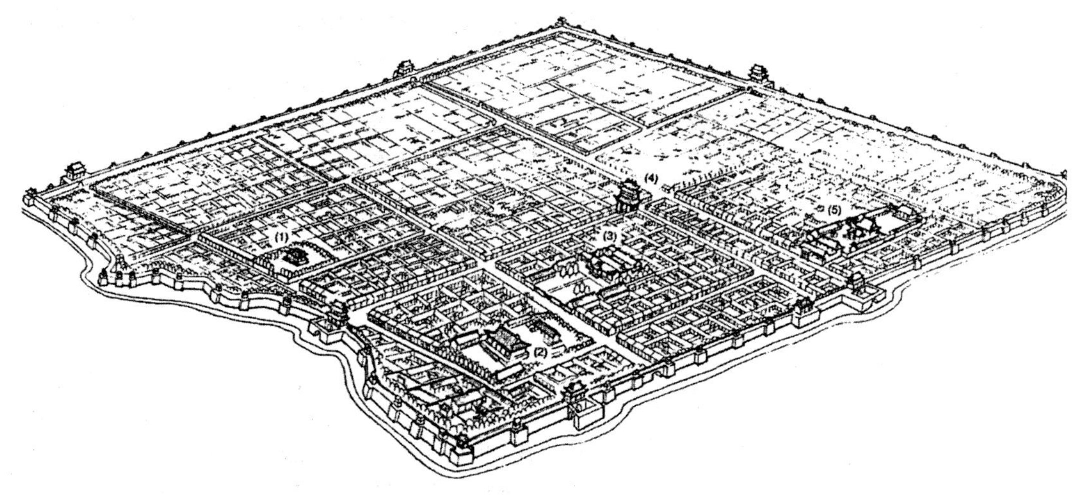

图10 清代的山西平遥县城图。(采自 R.Yisan)

是紫禁城，它是皇帝起居和执政的地方。紫禁城的外围被皇城环绕，这是文武百官的住宅和行政场所。皇城的外围又由内城环绕，内城里面才是老百姓居住的地方，其城墙竣工于1437年。但是仅一个世纪以后，越来越多的人定居到内城外面以南的地方，乃至于1564年在这个地区又建立起一圈城墙。因此，这段城墙被称为外城。这样，北京城就成为由四个矩形的功能各异的城区组成，总占地面积为67km^2。这个格局和规模一直延续到我们生活的当今时代。事实上，在1644年满清人占领北京城后，也对城中的居住组织方式就做过改变。这种改变仅局限于把汉人隔离到外城居住，那时外城被称作中国城；而满清入侵者和汉人中的归顺者则居住在内城，内城亦被称为鞑靼城。

在整个这段时间里，北京城是一个与欧洲城市相去甚远的城市。实际上它是根据历史悠久的典型城市营造理论和久经考验的原则建立起来的，也就是远在唐朝（公元618－907年）中国再次统一后的首都长安（今西安）规划所依据的理论和原则。那些理论和原则表现在几乎所有中部和北方城市的基本构成元素中，特别是北京城的构成元素，例如，封闭式的城墙，经纬正交的交通网络，居于中央位置的宫殿，南北贯直的中轴线，建筑面南为最佳朝向，建筑的高度相差无几，几乎所有的建筑都是一层，以及普遍采用的庭院式建筑，几乎是所有建筑的惟一特点，包括宫殿、庙宇、市场、普通住宅。一个在形态模式上（试想欧洲中世纪的城市宫殿和大教堂）或都城规划上（试想欧洲广场可作为市民行使权利的聚集场所）没有临时性和个性的城市，体现出的只是那种承认皇帝及其官吏为惟一政治道德权力的文明。在这样的城市里，世俗建筑与宗教建筑之间、贵族建筑与普通建筑之间、公共建筑与私人建筑之间全然没有本质上的区别。质量上的差异只能通过规模庞大与否或装饰富丽与否来获得。这里的露天空间，不管是公共的还是私有的，总是位于建筑的内部。在平缓协调的城市轮廓中，突起一个高49m的人工丘陵，上面耸立着可以登高远眺的宝塔和楼阁（这里指的是北海的琼华岛——译注）。但是实际上，城市被高墙遮挡，高墙使城市成为一个封闭的空间，就像住宅、庙宇和任何其他建筑一样，中国人接受和追求这种封闭，因为在封闭中能够感受到自然造化的和谐。

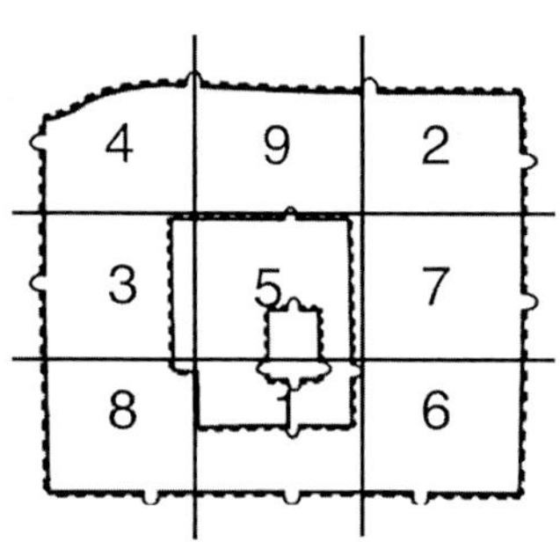

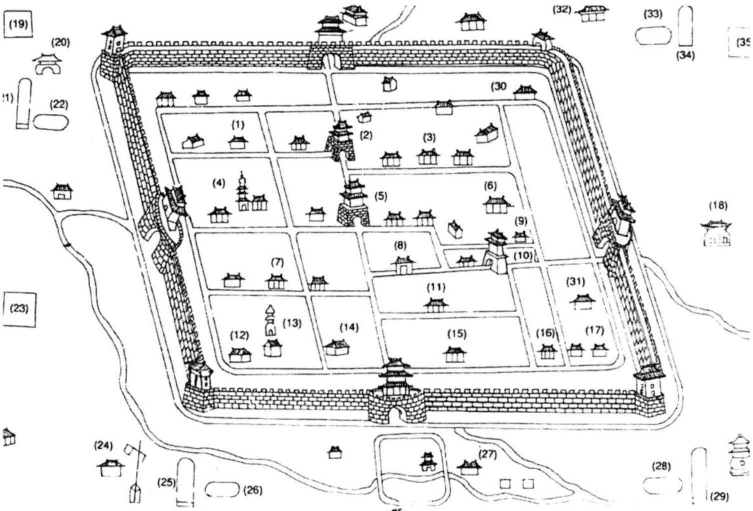

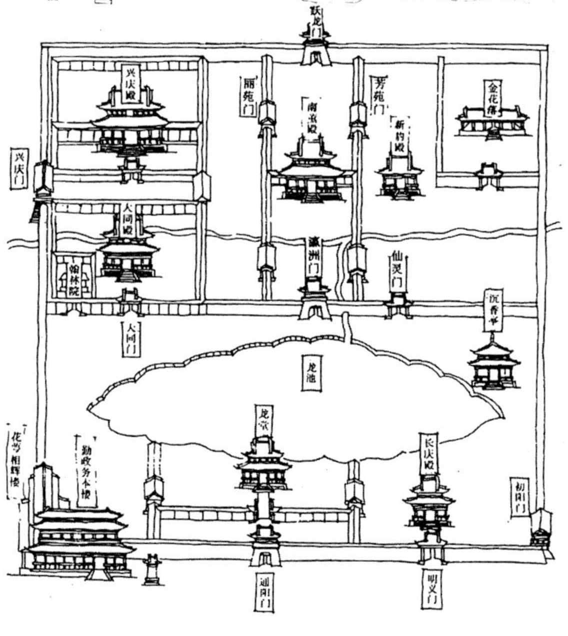

图11 明代永乐年间北京城的九宫幻方，方格中的数字不论横加、竖加、还是斜加的和均等于十五（左）。

图12 明代的平遥县城图（右上）。（采自 R.Yisan）

图13 唐代长安城（今陕西西安）兴庆宫图，规模约为 1080m × 1250m（右下）。

作为象征形式的北京

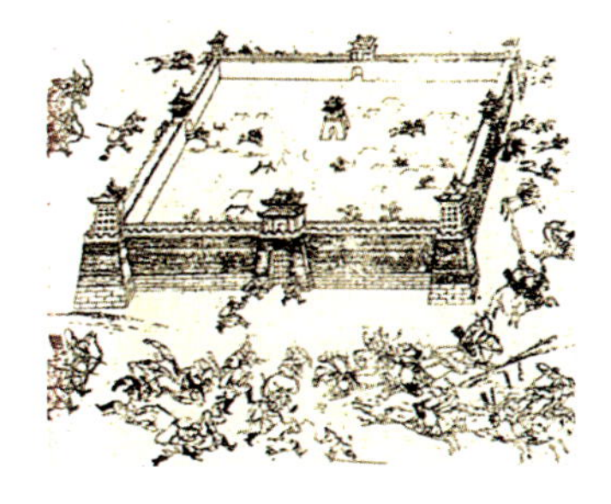

在中国，城墙的释义与城市的释义紧密关联，以至于“城”这个汉字既可以表达城墙，也可以表达城市，历史上留传下来许多有名的围攻城墙和保卫城市的故事。但也有一种古老的说法，认为和平时期安全在城市，战争时期安全在乡村。这完全是中国人的见解，因为在西方城堡代表着被围困者（甚至包括农民）寻求安全的最后庇护之地。实际上，中国的所有城墙，从万里长城到住宅的围墙，除了保护和防卫的作用以外，还有象征的功能和意义，也许后者更重要，它的功能和意义就是能够做到内外有别。城墙的防御作用与其说是将自己闭守在内，不如说是将外族人、野蛮人拒之于外，用城墙来划定文明的界

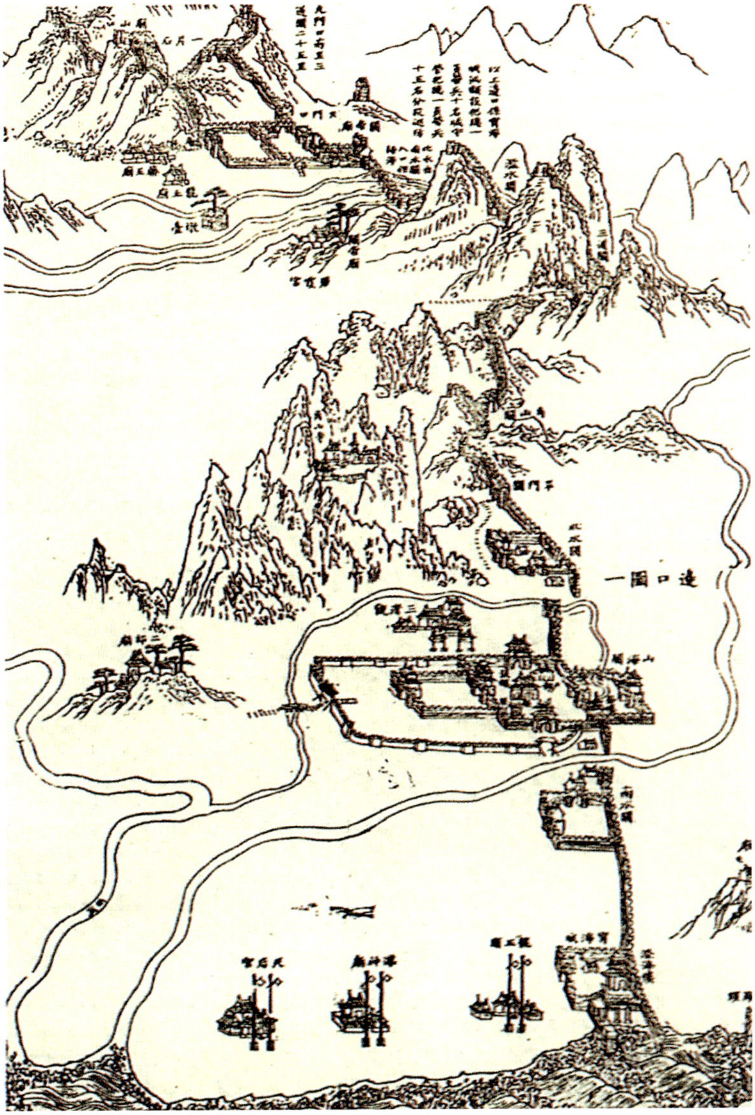

图14 《清太祖实录》中的围城图（右上）。
图15 长城山海关，建于金代（1115-1234年）的海防关隘，其东侧距离渤海 7.5km（左下）。

限和排斥野蛮的区域。这种作用今天也是如此。

明代永乐年间，共同构成都城的三重城墙都是长方形的。正方形或长方形也是北京地区很多历史遗留下来的城镇防御工事的平面设计形状。三千多年来，所有帝王的都城以及设有重要行政部门的华北和华中地区（那里曾是中华文明的摇篮）的州府平面形状都是四边形的。之所以如此原因很多，主要是在华夏的象征文化体系中，方形代表着大地。在一个天与地相互影响人世命运的认识世界中，聚居格局的形式不可避免地会产生出象征意义。

都城北京外城城墙的四条边基本沿着南北方向布局；每边城墙开辟两座城门，在南边又加一座置于皇城中轴上的前门，那么一共有了九座城门。城市也可以大略地划分为九个部分。

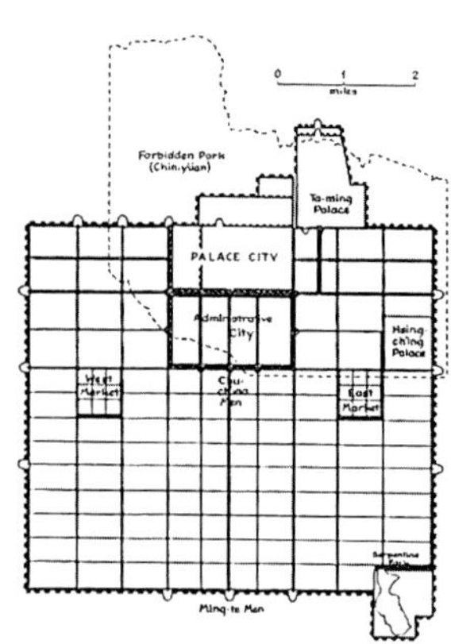

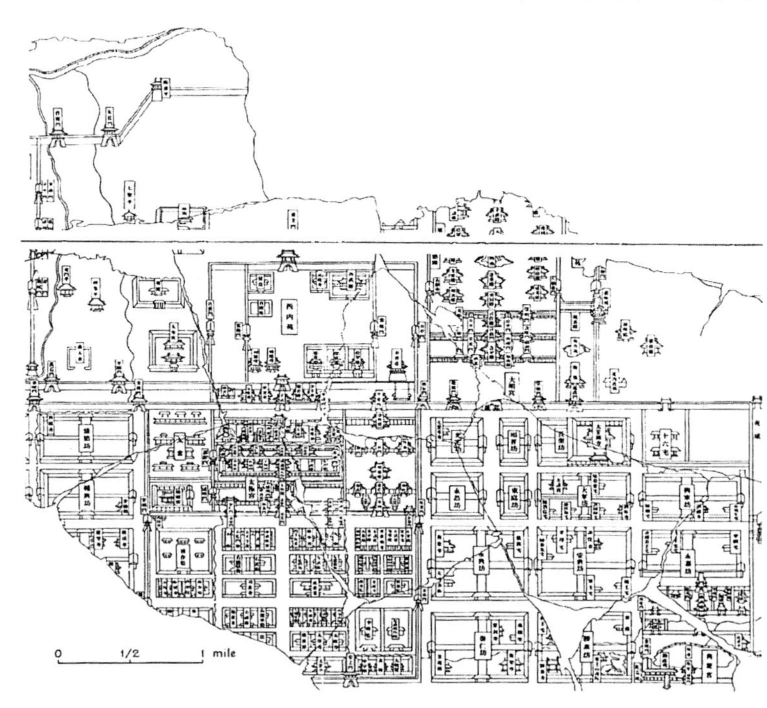

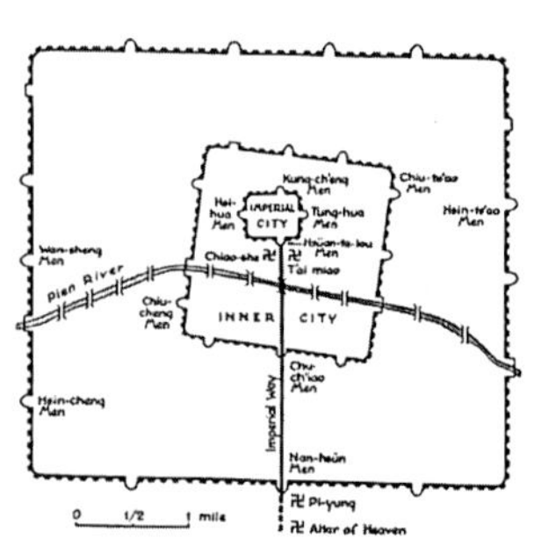

图16　唐代长安城（今陕西西安）复原平面图（左上）。

图17　北宋年间（960-1127年）绘制的长安城图的局部图样（右）。

图18　北宋都城汴梁（今河南开封）的平面推测图（左下）。（采自G. W. Skinner）

这样，在理念上，每边城墙两两成对的城门与对应方向的城门遥相呼应，这样得到一个富于象征和文学意义的模式（这里指的是九宫格的模式——译注）。确实，在华夏文化中，"九"本身也是个奇妙的数字，常用来贴切地描述象征华夏的皇家疆域，因为它能唤起对公元前三千年的大禹王把天下分为九州的回忆。

据说，华夏的皇家疆域分配的结构形式是大禹王从河图洛书中获得灵感的结果。在那张图中，前九个数字排列组成所谓幻方的形式，这样的分配使得皇家疆域成了一种宇宙形象。因此北京城那近乎正方的四边形体现了大地，城中划分为九的部分则再现了九宫幻方的形式，反映了皇天与宇宙的形像。此外，作为大地之主和上天之子的皇帝的宝座置于紫禁城中最重要的大殿——太和殿中，这个位置在宫殿的中央，恰恰处于九宫格中数字为“五”的地方，在华夏文化中，数字“五”也代表大地。

北京城规划所依据的数字“三”和“九”也都认为是神奇数字，但是还缺少另一个确定皇家都城格局的神奇数字，十二。的确，过去很多大的都城都有十二个城门，如唐代都城（公元618－907年）长安（今西安），北宋都城（公元960－1127年）汴梁（今开封），南宋都城（公元1127－1279年）临安（今杭州）等，北京城于1564年扩建外城后也有十二个城门。

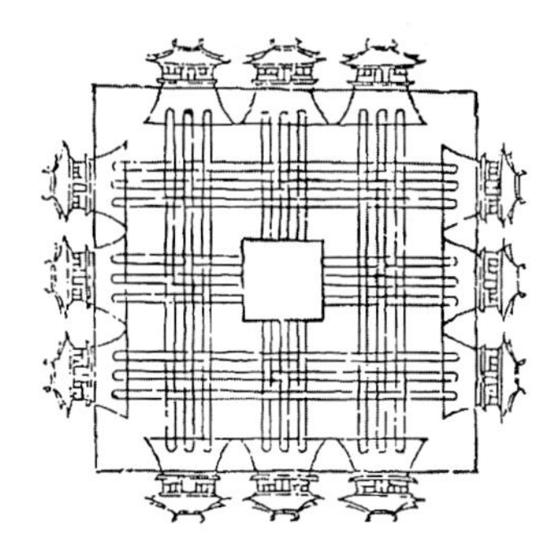

图19 《三礼图》中描绘的周代王城图（右上）。

图20 西汉长安城（今陕西西安）的明堂复原图（左下）。

理想城和宇宙象征

传统上把北京城的建都时间追溯到1421年，北京城作为皇帝居住及其大臣和朝廷所在的都城，它的规划结构遵循的却是反映中国理想城市的一条非常古老的原则，因此可以认为北京城继承了公元2世纪《周礼》中描写的周朝（公元前11世纪至公元前3世纪）的都城制度：“匠人营国，方九里，旁三门，国中九经九纬，经涂九轨，左祖右社，面朝后市，市朝一夫。”

都城规划设计的基础数字三、九、十二都是神奇数字。数字“三”代表天与可知宇宙的三个部分，即天、地、人；“九”是三的倍数，象征古老华夏的启肇；“十二”是三加九的和，并

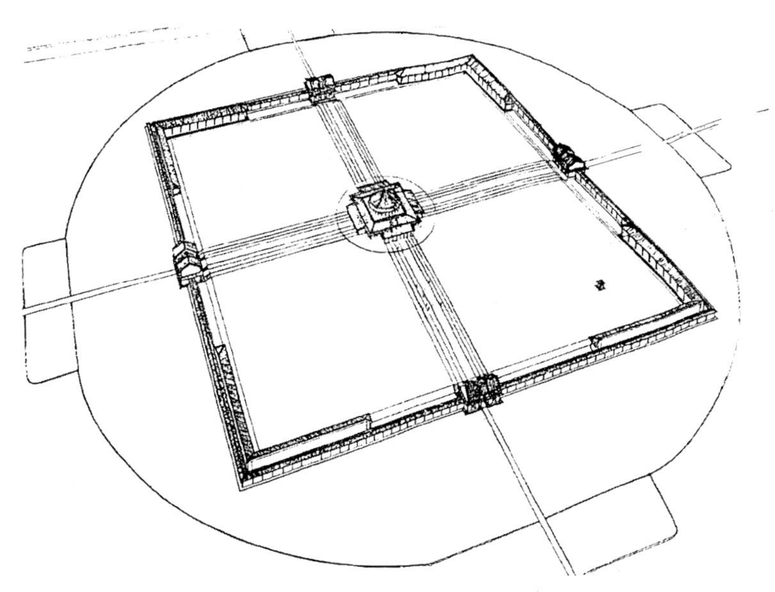

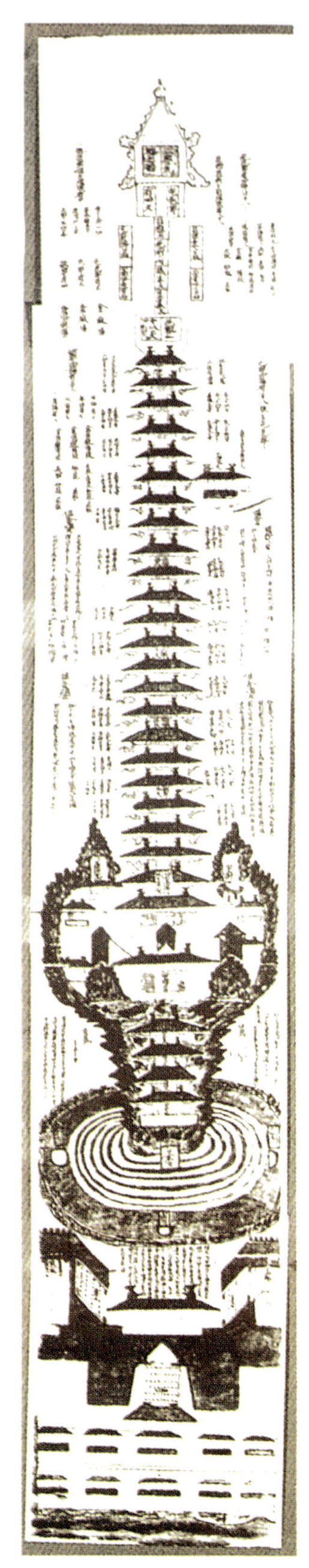

图21

且是根据星象运行一年（实际是根据岁星运行一周天的时间——译注）的月份数，对应这些星象的城市应有12个城门。确实，中国的传统文化中，集宇宙三要素于一身并且一年12个月统治九州者的都城平面形式只能按照这些数字进行布局，同时，作为都城应传达出这些神奇数字所表达的象征意义。

根据《周礼》，明堂（皇帝听政的大殿）也应以神奇数字为基础，它是整个城市中最重要的建筑，因为皇帝在这里行使权力。明堂也应分为九个部分（就像城市、国家、宇宙的形象）并应有12个对外的开口，就像城市的12座城门那样。每个门对应着阴历年份中的一个月，按太阳方向环绕运动，每个月统治者应面对不同的门，并且置身于当时大地所处的星象位置，这样的明堂处在整个宇宙的理想中心，“......12个开口组成黄道，如此正好对应《启示录》中描写的天国耶路撒冷的12个门；此外天国耶路撒冷具有时空上的双重意义，即是世界的中心又是宇宙的形象。”[1]

《周礼》还规定了城市中其他重要建筑与皇宫的相对的基本方位和准确位置。这样，祭祀皇帝祖先（祭祖是华夏文化中古代崇拜仪式中最重要的原始形式）的庙宇——太庙和皇家疆域的庙宇——社稷坛应该布置在皇帝朝觐大殿的前方，也就是大殿的南面。特别的是，社稷坛应在朝觐大殿中轴线的西边而太庙因其重要性在中轴线的东边，这样相对皇帝的宝座来说处于左前方，即中国人传统信仰中人世间的显要位置。《周礼》还规定集市应在朝觐大殿的北边，北方是邪恶的根源，这样以其最差的安排位置来强调中国社会对商业活动的鄙视。明堂应处在整个城市的中心，安置在皇宫的南边并坐北朝南。这种方向的选择早在商朝（公元前17世纪到公元前12世纪）已经成为最佳方式，后来成了宫廷建筑的惟一方向。因为中国人认为面对南方是行使权力的最佳方位，这样面向光明和温暖的太阳意味着朝向一切有利的因素开放。

从更广泛的意义上说，南方意味着温暖和生命，因此在那里应该安置处理国事和宗教仪礼的场所，例如明堂、太庙、社稷坛、天坛等。东方反映了初诞和新生，因此在这里建立日坛，皇帝于春天在日坛奉献牺牲，以及像太阳一样鲜红的宝物。相反，西方象征着衰弱和没落，所以在那里安置月坛。中国传统观点认为月亮从那里升起，因此每到阴历八月十五，皇帝在此地奉献牺牲和洁白如月的物品，像玉石、丝绸、珍珠等。最后，北方意味着寒冷和死亡，因此在北郊还安置了地坛和兵营。土地意味着寒冷和幽暗，象征着苍茫天地之间的连接；另一方面，几千年来野蛮民族的入侵也一直来自于北方。

这个多少略显粗俗的象征影响了上千年的城市规划和重要建筑的格局。特别是从来没有象明朝永乐皇帝的北京那样，都城的设计严格遵守《周礼》中规定的宇宙观。不管是城市的基本结构，还是每个建筑的布局，都恪守传统的制度。在这种制度的影响下，大朝的太和殿位于宫城的中央，坐北朝南，太庙和社稷坛分别正确地布置在宫城的前面，前者在中轴线的东侧，后者在中轴线的西侧。根据制度的规定，在内城城墙南面更远的地方建造了天坛和先农坛，而在城墙的北面、东面和西面依次是地坛、日坛和月坛，这些祭坛都是明朝嘉靖皇帝于1530年下令建立的。

图21　中国佛教的须弥灵境，一座浮现在大海之中的万仞高山，下起大地，上至天堂。

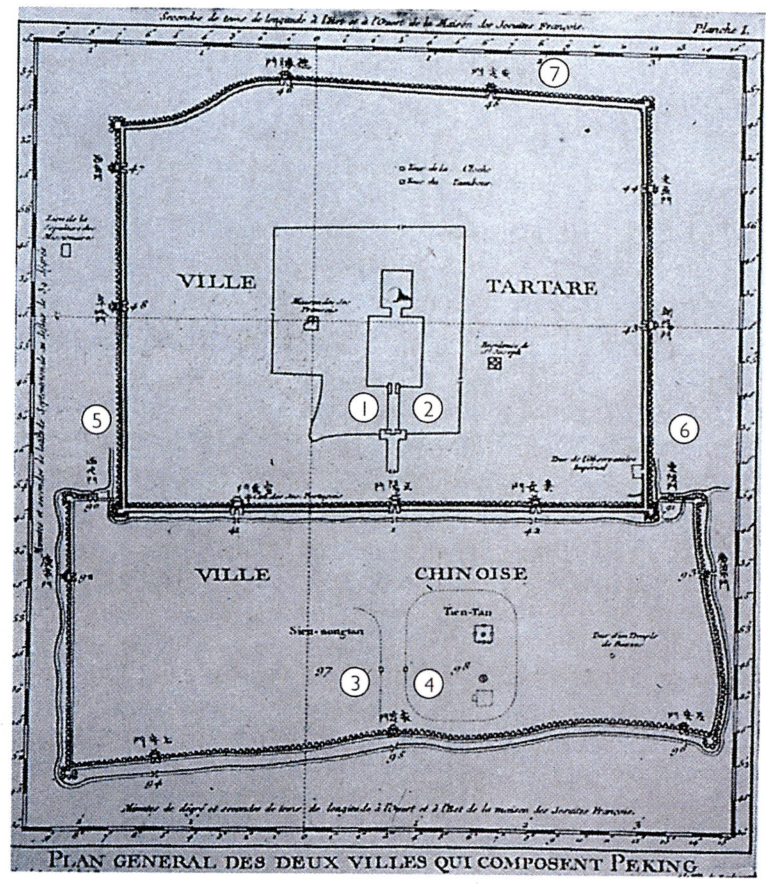

图22　明代的北京城图。1-社稷坛，建于1421年；2-太庙，建于1420年；3-先农坛，建于15世纪；4-天坛，建于1420年；5-月坛，建于1530年；6-日坛，建于1530年；7-地坛，建于1530年。

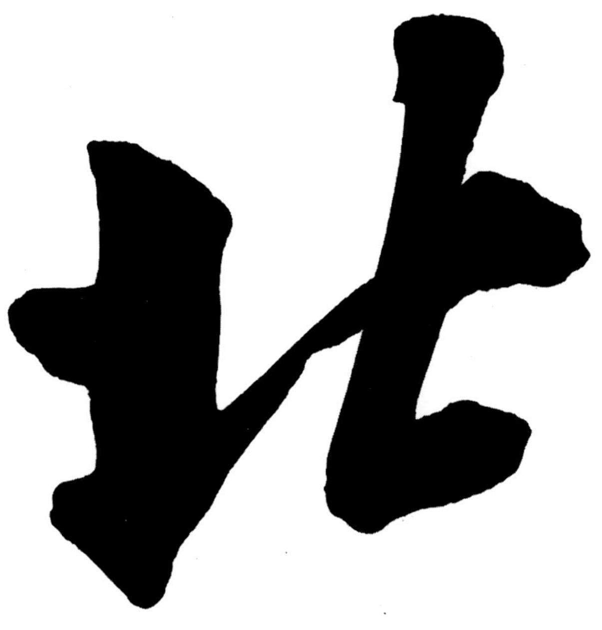

图23　汉字“北京”，念作Bei Jing，意为“北面的都城”。

北京城与中国的居住文化

北京城的结构

北京城的设计是沿着一条长7.8km的南北方向的中轴展开的，在这根中轴上或者两侧布置城市的各种基础设施，像道路、庙宇、公共建筑、商业市场等，都是依次地或者对称地排列。中轴将北京城划分为面积几乎相等的两部分。由石板铺成的连接都城南门——永定门与紫禁城正门——太和门的中轴道路是这样组织的：从外城城墙中间开辟的永定门起，经天坛（部分建于1420年，部分建于1530年）和先农坛（建于15世纪），穿过天桥区（其名源于一座古代重要的桥梁名），一条笔

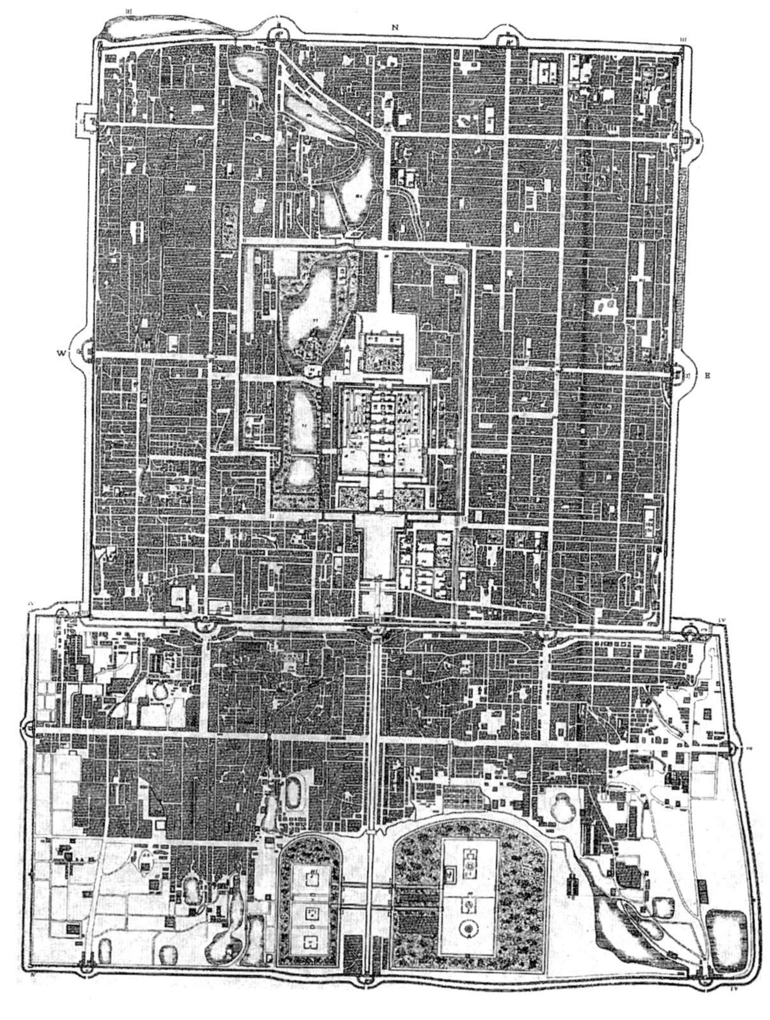

图24　1817年北京城的平面图，取自1829年俄国传教士P.I.Bicurin的一部出版物。图中表现了北京城内的完整布局，特别是湖泊水系以及城市的中轴线（右）。

图25　北京城中轴以及重要建筑的位置（左下）。

1- 永定门；　7- 皇城；
2- 先农坛；　8- 故宫；
3- 王坛；　9- 神武门；
4- 前门；　10- 景山；
5- 天安门；　11- 鼓楼；
6- 午门；　12- 钟楼

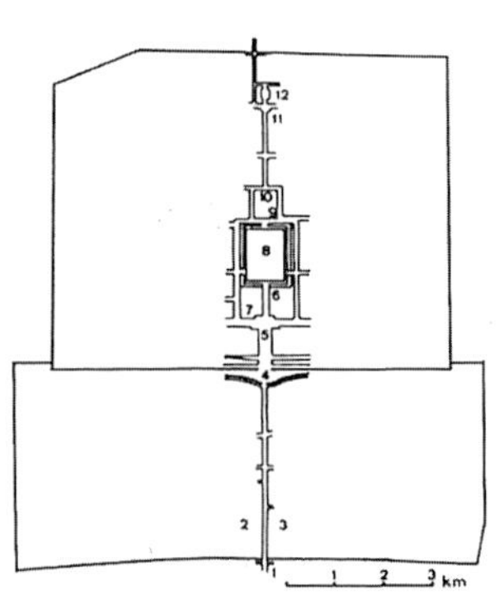

直宽阔的道路通向内城的前门（被视为都城的圣门）。

过了前门以后，道路就变成了皇家的专用路，因为只有皇

帝和大臣们才可以走这条道路，它一直延伸到紫禁城脚下的一个广场。这个形如“T”字的空间由一排柱廊环绕和三面城墙围合，三边的端点上开辟了三个门，再加上紫禁城的入口天安门（建于公元1471年）（原文如此。天安门是皇城的入口，紫禁城的入口应是午门——本书责任编辑注）。在这个城墙围合的空间的东西两侧曾分布着主要行政建筑。中轴从天安门逐渐弱化，成为一条简单的石板路，它穿过并连接一系列自成一体的围合空间，进入宫城内部。经过太庙（建于公元1420年）和社稷坛（建于公元1421年），就到了紫禁城主入口的午门。经过午门，中轴就由一连串的皇帝处理朝政的殿堂以及一座凸起的煤山来划定。煤山最初于13世纪忽必烈皇帝时期用挖人工湖的土堆积而成，今天被称为景山，位于紫禁城的北门——神武门以外。

图26 北京，中南海（右上）。
图27 北京，紫禁城，由南向北的鸟瞰（左）。
图28 北京，紫禁城中轴线的平面图，1421-1911年作为皇宫（右下）。

景山是惟一切断中轴连续性的要素，过了这座山丘，“……中轴又恢复为一条笔直的道路，越过皇城的北端，结束于另外两个实体要素，即鼓楼和钟楼。……两座塔楼结束了沿中轴的一系列建筑布局，再次证实这条中轴作为理想轴的特征，而不是一条普通透视轴”[2]。出人意料的是，这个中轴结束于距离北面城墙不远的地方，表面上看，它作为一个控制周围各个部分的设计要素，似乎完成的不是那么精确。以后我们会看到，对待这个设计要素的这种处理体方式，并不影响城市整体设计。这种不连贯并非仅此一例，就像其他地方的“不精确”或特殊情况一样，应当到中国传统的风水理论中去找解释，因为风水理论是聚居布局的潜“科学”。

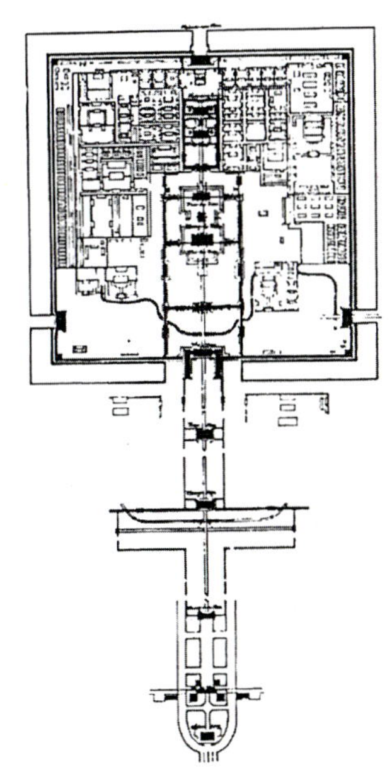

完美格局和湖泊水系

棋盘式严谨的道路网络是城市布局设计的特点。网络由经向（南北）与纬向（东西）直角相交的笔直的交通干线组成，经向比纬向更重要。对于自古承传的城市制度的应用并不妨碍在其间插入令人赏心悦目的城市变体——一系列的湖泊水系。这个长约5.5km的水系处于中轴之西，平均宽度为200m，共有六个由北向南自然排列的湖（自北向南依次为西海、后海、前海、北海、中海、南海——译注），内城和皇城各包含三个湖。从10世纪到1911年，这个水系决定了今天所见的园林和皇宫布局的特点。这种布局形式始于忽必烈汗统治时期，这位

图29 北京，天坛祈年殿，建于1420年，1889年遭到火毁，旋即重建。

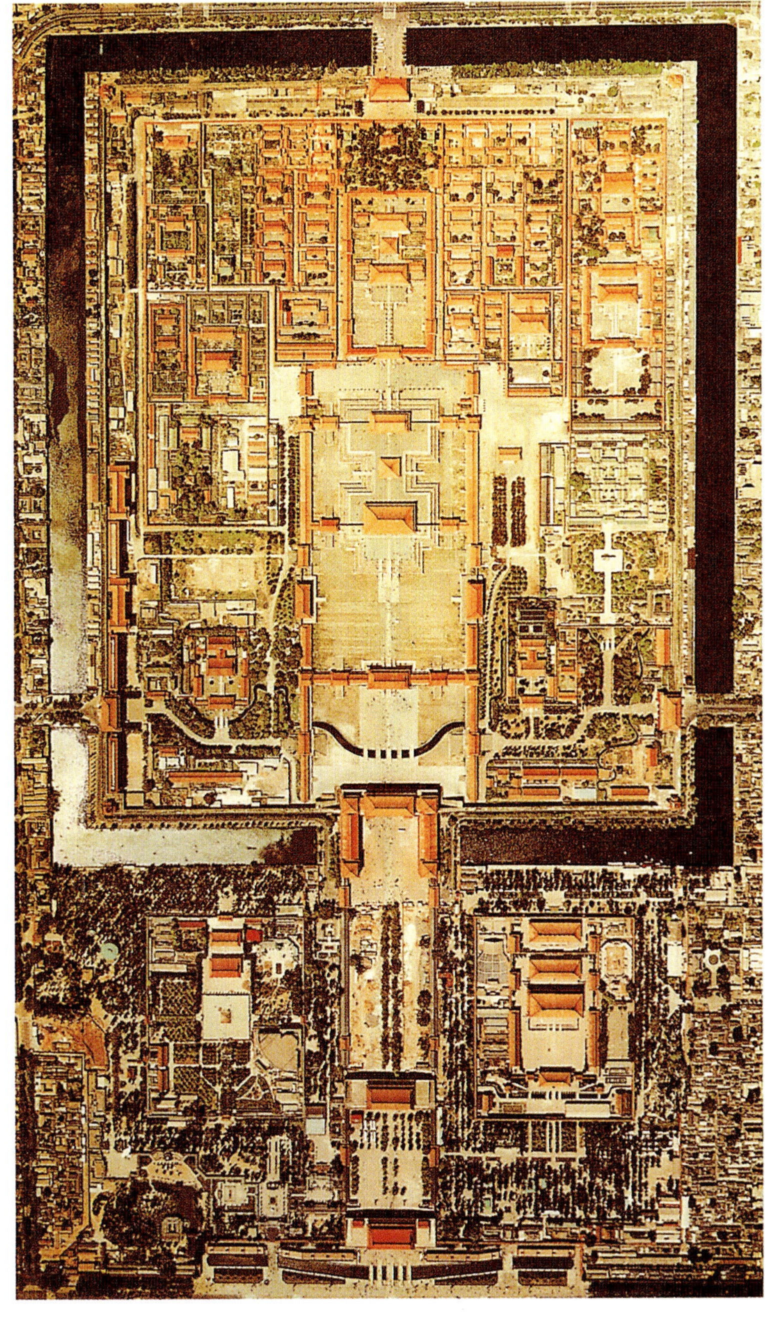

图30 北京，紫禁城的航摄图。可以清楚地看到宫殿四周的城墙和护城河，从南边的天安门到午门之间两侧的两组建筑，右侧的是太庙，左侧的是社稷坛。

皇帝扩展、疏浚和美化已有的湖泊和池沼，将其宫殿布置在北海的一侧，这是打破北京城完美几何形式的整体布局的惟一要素。

在严谨的正交道路网络上嵌入一个蜿蜒曲折的自然要素，这样所产生的城市设计的迷人效果肯定触动了勒·柯布西耶(Le Corbusier，法国现代主义建筑大师——译注)，他曾经赞赏过与巴黎街道的杂乱无章相对立的北京街道的完美格局，而后于1950年他把源于这种格局的构思再现到印度昌迪加尔市(Chandigarh）的城市规划中。

住宅区由正方形或长方形的独立街区组成，街区的内部利用胡同（呈正交形式的小巷道，有的是盲端的小巷道）来分隔，街区的外部则由城市中经纬相交的主要干道来划分。宅院沿胡同排列成行。从12世纪开始这种典型的住区形式在城市规划中被大规模采用，因为它以良好的对外封闭性满足了一个建立于家长制社会的生活需求。同时，宅院中住宅的设计和装饰都遵守严格的规定，建筑的细部做法依据主人社会地位的高低而有所不同。内部的庭院是家庭活动的主要中心，以及空气和阳

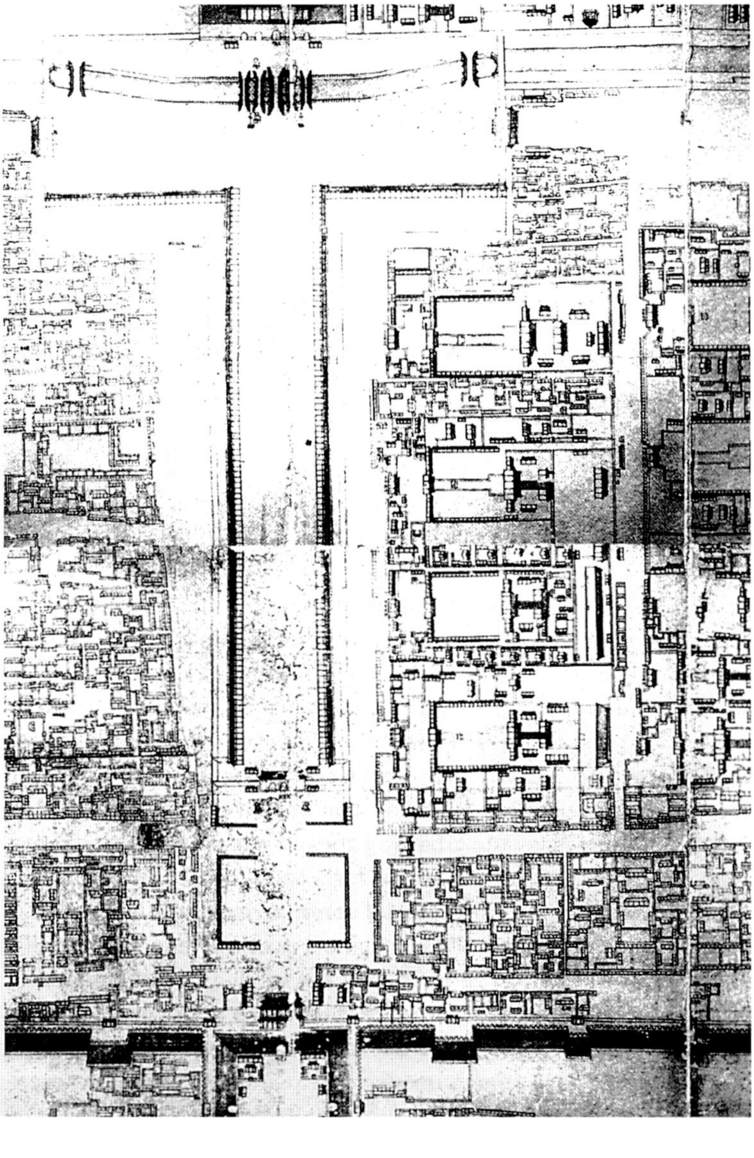

图31 北京，1750年左右的天安门至前门的局部详图。可以看到"T"字型的千步廊和旁边的政府行政机关（右）。

图32 北京，城区居民住宅的实测图。左上角的住户拥有两进内院，占据了整个街道的进深。而右下角的住户的入口在东南角，由一条半截胡同引入（左）。

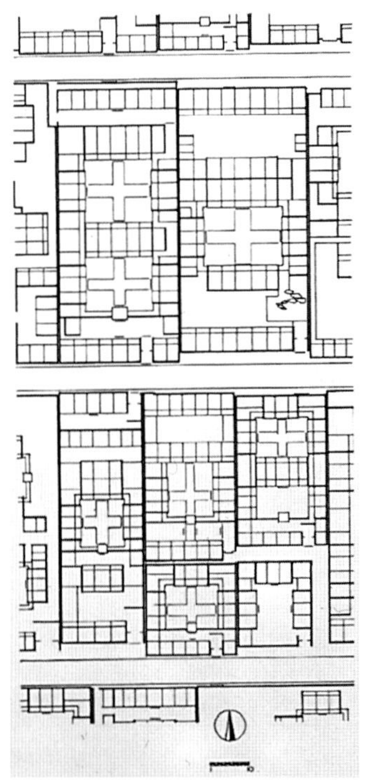

光的惟一来源。每户住宅都可以与同一家族的多代人共同居住，由年长者行使家长权利。作为家长的年长者应该住宅院中最重要房间，即坐北朝南的正房。朝向胡同一面的房屋只有不开窗户的青灰墙，这是普通建筑的规定用色，屋顶是双面坡的，屋脊在两端上翘，三角形封檐板上面的瓦件（中文的专业术语称为排山勾滴——译注）呈锯齿状排列。

北京城的交通道路尽管严格地经纬正交，但是并非像一个完全的棋盘形式。实际上，城墙上两个相对的城门之间没有直通的道路，道路经常采用丁字交叉的方式连接；有时会在过长的直路上安排一些构筑物来故意切断它们。特别是鼓楼（报夜更时间和夜巡换岗时间）和钟楼（报白昼时间和险情）曾用来作为北京城南北中轴的终点，使这条中轴在这里戛然截止。

这种表面上看来的曲折迂回的道路和“位置不当”的两座楼阁并非是一种特殊现象，而是所有中国城市具有的一种典型现象。原因应当在中国传统的风水理论中寻找答案，风水理论对直线是忌讳的，认为代表着邪气的鬼魅总是直行，因此直线是邪气的载体，这个理论是决定人类聚居布局与宇宙规律相平衡的“科学”。在北京城，中轴的戛然截止是因为不能正对着皇帝的背后开门，那样会给来自北方的邪气打开一条危险的通道。为了抵御邪气，还建造了进一步的障碍，那就是在皇宫的北面还堆积起来一座人工丘陵（指的是景山——译注），它与皇宫南面的三海均是按照风水理论进行城市规划的直接结果。风水理论寻求人类聚居布局的最佳条件，甚至不惜人为地创造更好的山水环境。

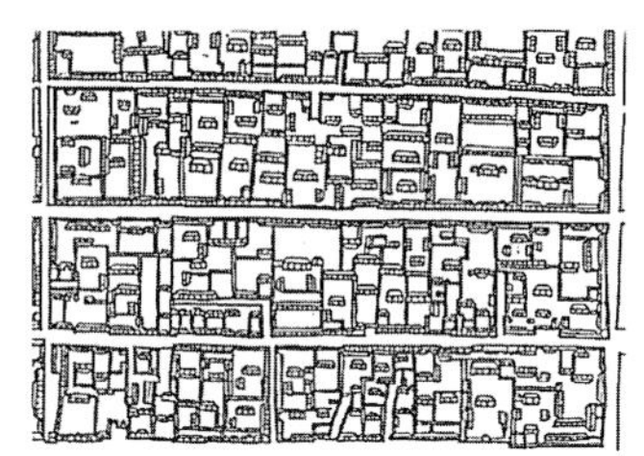

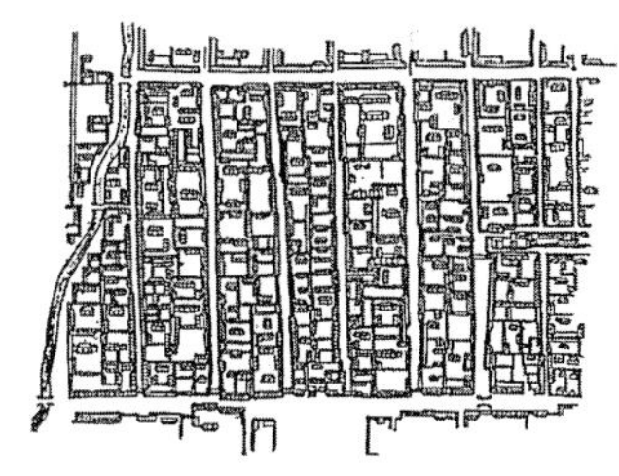

图33　北京，1750年左右城区东西向街道的居民住宅分布图（上）。

图34　北京，1750年左右城区南北向街道的居民住宅分布图（下）。

风水概要

紫禁城太和殿的皇帝宝座几乎放置在皇宫的正中，差不多也与北京城的中心相重叠，这里是中国乃至宇宙的理想中心。根据风水理论的解释，这里是宇宙三才（天、地、人三个生命要素）的相交点，当然应该坐着被称为天子的皇帝，这位现实世界中惟一能够参理三才的人。那个地方是风水师借助实地勘察和一些秘笈确定的文明空间中最为理想的宇宙中心，能够使人的行为与万物之源的气产生和谐。“万物的本源始肇于一种原始有机体，神的世界与人的世界息息相关的信念要求人们必须遵从自然力量和自然特性，主宰人们的神安排好了人们的城市和城市的各组成部分。古代的中国人，特别是那些名门望族的祖先作为天与神的化身，继续左右着子嗣们的大事。这样，人与自然、生命与死亡，一切现象都被视为在同一张蛛网上的相互作用。”[3]

对中国人来说，人的命运与自然的命运紧密相关，因为大地是惟一能够通导运行能量流的活生生的有机体，在这里讲到的还仅仅为一个肤浅的物理空间的变化。实际上，这种能量会在社会中引发不间断的影响。如果人不考虑这些作用于人与大地之间的系统力量，那么在事后，这些力量就不再会有秩序均衡的组合，从而给当事人的运气带来消极影响。风水理论又被称为神秘生态学。确实，这个理论似乎超前西方文化最近才有的环境保护意识，但是中国目前的生态破坏却对这个理论作出了相反的证明。这种差别也许应当在中西文化对自然生态平衡观念的理解方面去寻找。实际上，这个观念对一个中国人而言，似乎更指的是事物内部的平衡，而不是空间中事物与事物之间的平衡。

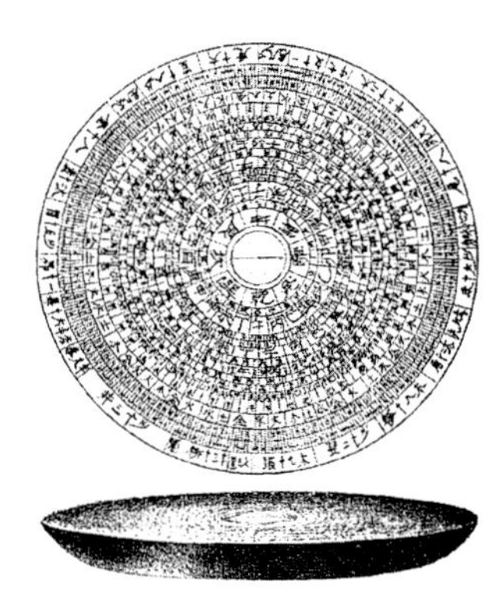

图35　中国的风水罗盘，是风水师评价聚居用地好坏的神奇工具(上)。**图36**　清代的版画。画面中风水师和他的助手正在择地建造洛阳城，根据风水理论，选择的用地应该平坦，后面有山丘，前面有河流（下）。

因此，从分地为田到掘地成井，从土地规划到屋内装修，所有对地面的改造都应当遵守严格的规定。特别是相地做城池，人们不但要仔细勘察用地范围内的河流、坡度和树木，还要细心观察它们之间的相互位置及形态关系，一般善于把用地的自然形态设想为动物形象，例如青龙、玄武、朱雀、白虎等。

风水师利用堪舆书籍和工具来考察当地的地形地貌，并对周围的山水形势作出宇宙论或玄学上的解释。这些堪舆工具中最主要的是罗盘，那是一块扁圆形木板，中心有一根指南针，环绕着中心是12个同心圆环，每个环代表中国玄学的一条释义。摆弄着这些复杂的同心圆环，风水师能够运用宇宙论或玄学上的解释来对应实际事物，指出城市、住宅、坟墓和家具的正确位置。

此外，风水理论还利用物理、宇宙和玄学方面的观点与个人的特征（例如名字、生辰日期）相配合来解释空间的品质。人们曾想这种方法能够使风水理论中的解释更加具体化和个人化，能够对应每个人的情况指出住宅的最佳用地和形式。在以后的几百年里，风水理论在这方面表现出了日益增强的能力。这主要是出于把个人行为（包括运气）与五行相联系的信念。

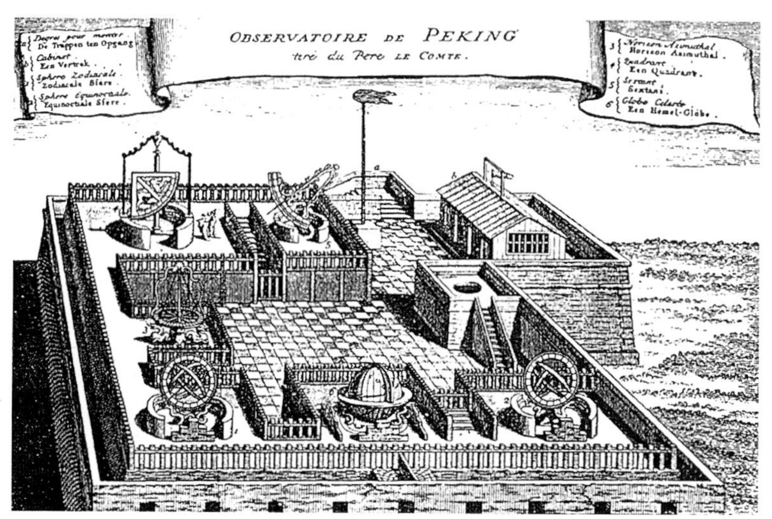

中国传统观念认为自然界中的万物都由五种基本物质(五行为金、木、水、火、土)组合而成。五行被联系于五个正方向，即东、西、南、北、中，中为罗盘上面的第五点。到了汉朝（公元前206－公元220年)，原始神秘且实用的风水理论中的有些成分被污染了，特别在其后一个世纪里，风水理论中的僵化信条逐渐造就出一种迷信形式。这些僵化顽固的不合理成分影响到居住用地的选择和布局，同时也成为阻碍城市和住宅模式适应新的社会需求的因素之一。

风水理论中尽管有幻想的动物形式、玄学的象征方式和宇宙的晦涩含义，但是，它具有的礼制观念在实践中仍然被重视。确实，如果用现代语言来描述理想的居住地点与环境特征的话，结论应该是：建筑应该位于朝南的缓坡上，排水条件良好，离开池沼和渠塘，北面倚靠山峦，阻挡冬季寒风，东、西两侧各有丘陵环抱，朝南面向广阔的平原，贯穿一条水流不急不缓的河流。用一句中国话说，应是“坐北朝南，负阴抱阳”。在可能的自然条件下，中国人的这个观念与其他民族所追求的没有什么不同，特别是古罗马人。

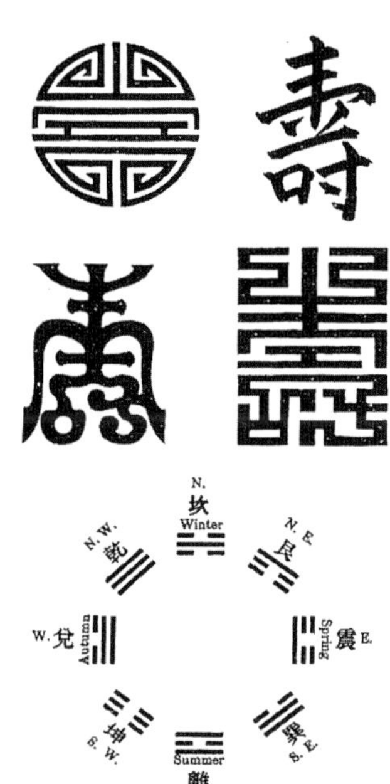

图37 北京，清代的观象台。观象台初建于元代的1296年，清代1522年，康熙皇帝根据耶稣会的建议重建观象台（左上)。

图38 中文“寿”字的四种写法（右上)。

图39 八卦图。相传由周文王创立（右下)。

中国城与罗马城

像中国城市一样，罗马初期的城市也是正方形或长方形的，城边按照正方位定向。一条南北走向的城市主轴（cardo）比东西走向的次轴（decumano）宽，道路网络严格正交。住宅要求建成庭院式，如是一家人则只有一层或两层，如有多户人

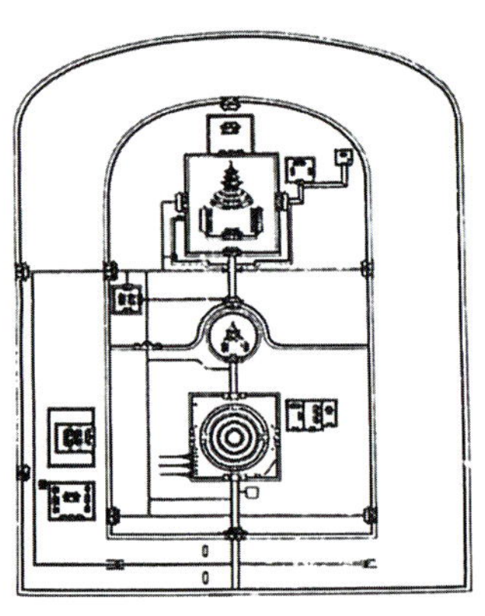

图40　北京，天坛平面图。取自1918年J.J.M.De Groot在德国柏林的一部出版物。上圆下方的墙垣象征着天圆地方（左上）。

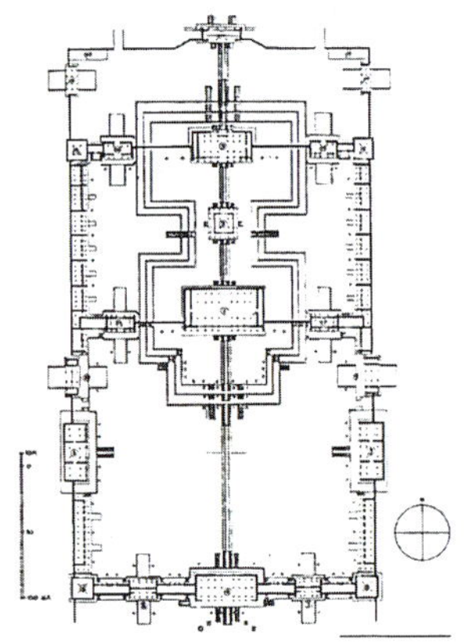

图41　北京，紫禁城太和殿的照片（右上）。

图42　北京，紫禁城三大殿的平面图（左下）。

图43　北京，紫禁城三大殿的俯视航拍照片。三座大殿（自南向北为太和殿、中和殿、保和殿）坐落在八余米高的汉白玉台基上，占地面积达三公顷（右下）。

家则为多层建筑。

南北方向象征世界的轴线，东西方向象征太阳的轨迹，面积相等的四个正方的或长方形的划分代表宇宙。在南北走向与东西走向大道相交的地方，也就是说城市的中心。在那儿，中国人摆放着唯一能够参理宇宙三才者的宝座，罗马人则要挖掘一眼被称为“世界”（mundus）的井，象征人与大地力量发生直接的联系，人要从大地力量中获得裨益。

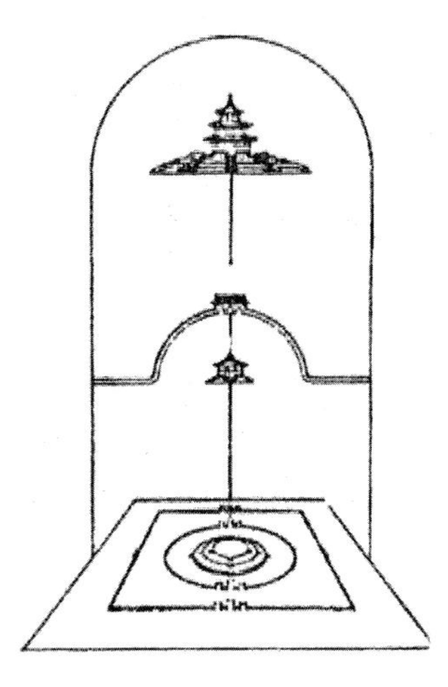

总的来说，世界上每个文明都为寻找适宜的聚居地而不断地调整手段和观念，试图建立一个象征体系，使城市及其组成部分与神和自然力发生联系。在罗马文明中，由肠卜者(aruspice,古罗马时观察祭品的肠子来占卜凶吉者——译注)来

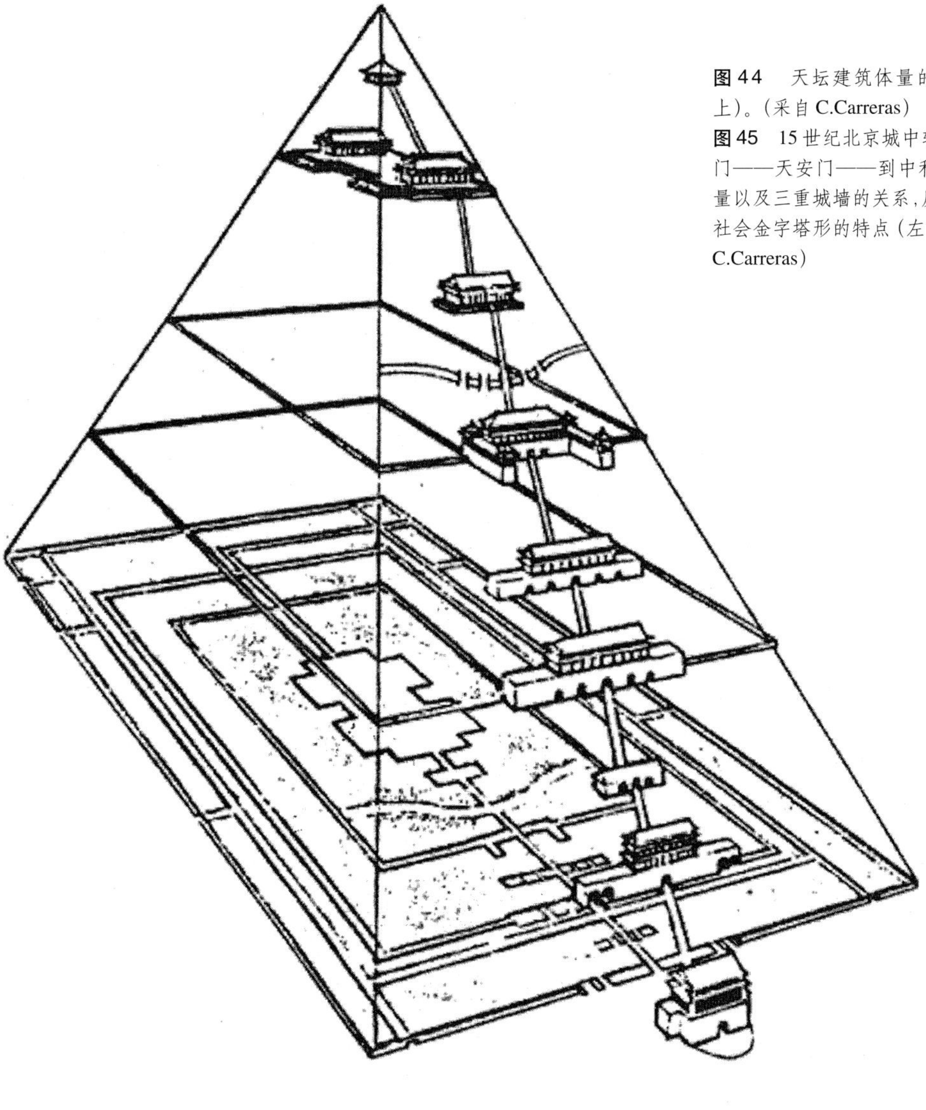

图44 天坛建筑体量的关系（右上）。(采自 C.Carreras)

图45 15世纪北京城中轴线上从前门——天安门——到中和殿建筑体量以及三重城墙的关系，反映出等级社会金字塔形的特点（左下）。(采自 C.Carreras)

分析居住用地。肠卜者通过解释在未来聚居地抓来作为祭品奉献给神祇的动物的内脏，首先是肝脏，也观察胃、脾等脏器，评价该居住用地的优劣，接着对在这里生活是否有益于健康下结论。一经肠卜者同意，该居住用地就被占卜官祝圣。占卜官端坐在将被开发为城市空间的中央，用权杖划定南北和东西两条轴线，把空间分为四份，意味着那个地方已经成为宇宙秩序的见证。

但是，如果以能否满足农业定居的条件来作为选址的物质特征的话，中国人和罗马人有着相同之处，要求居住用地有益健康，排水良好，靠近水源，避开讨厌的风……。但是，对于居住用地的选址和空间文化方面所包含的意义则不仅不同，而

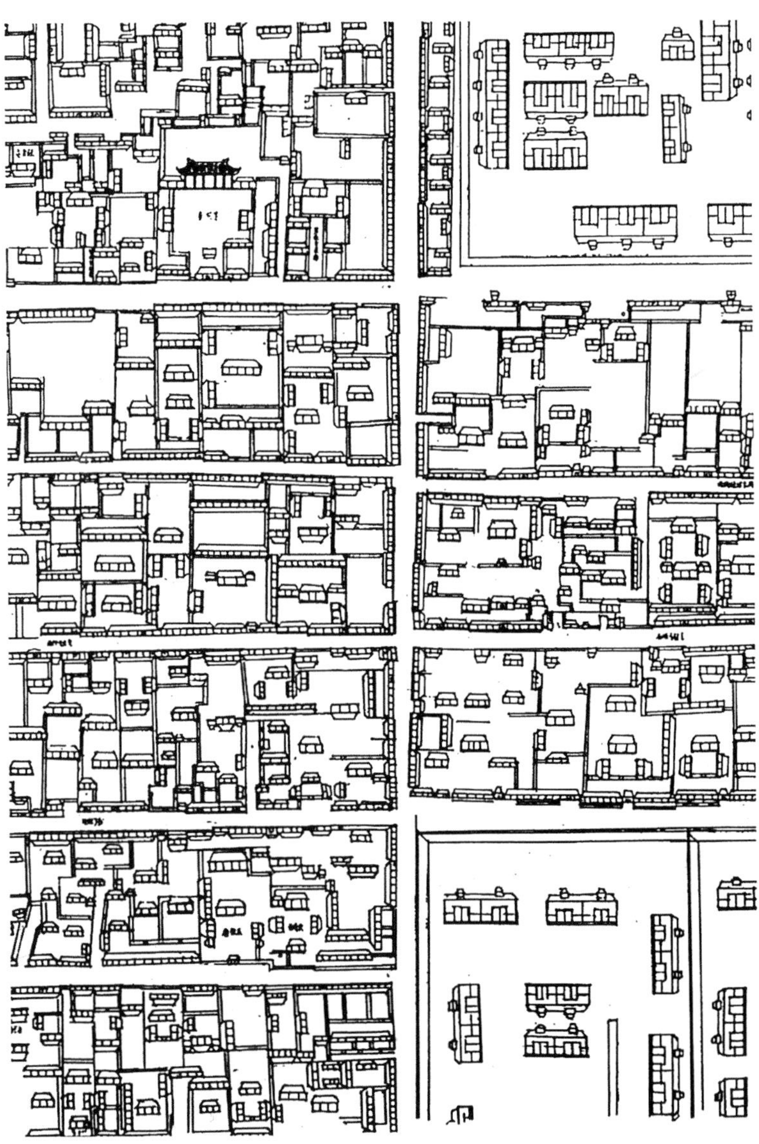

图46 北京，1750年左右的城北局部图，不论是公房还是私宅都有一个院子。

且恰恰相反。事实上，罗马人采用一种可称之为神秘医学的方法来证实某个地方是否适宜于人的居住，那就是考察当地的自然资源是否有益于人的生理健康。却不从反面来考虑问题，即人的出现和行为是否符合这块土地的意愿；而中国人则以其神秘的生态学来急于证明人的出现和行为不会影响宇宙的平衡，相信从宇宙平衡中能给他们带来利益，比如健康、长寿、权力、财富。罗马人一直在征服空间，中国人却一直试图与宇宙建立和谐的关系。

从形态学的观点看，罗马城比中国城复杂得多，城的内部结构也有所不同，充满了公共建筑和大片空地，建筑的种类丰富而且风格多样。这是因为罗马城是一个接受外来影响的开放

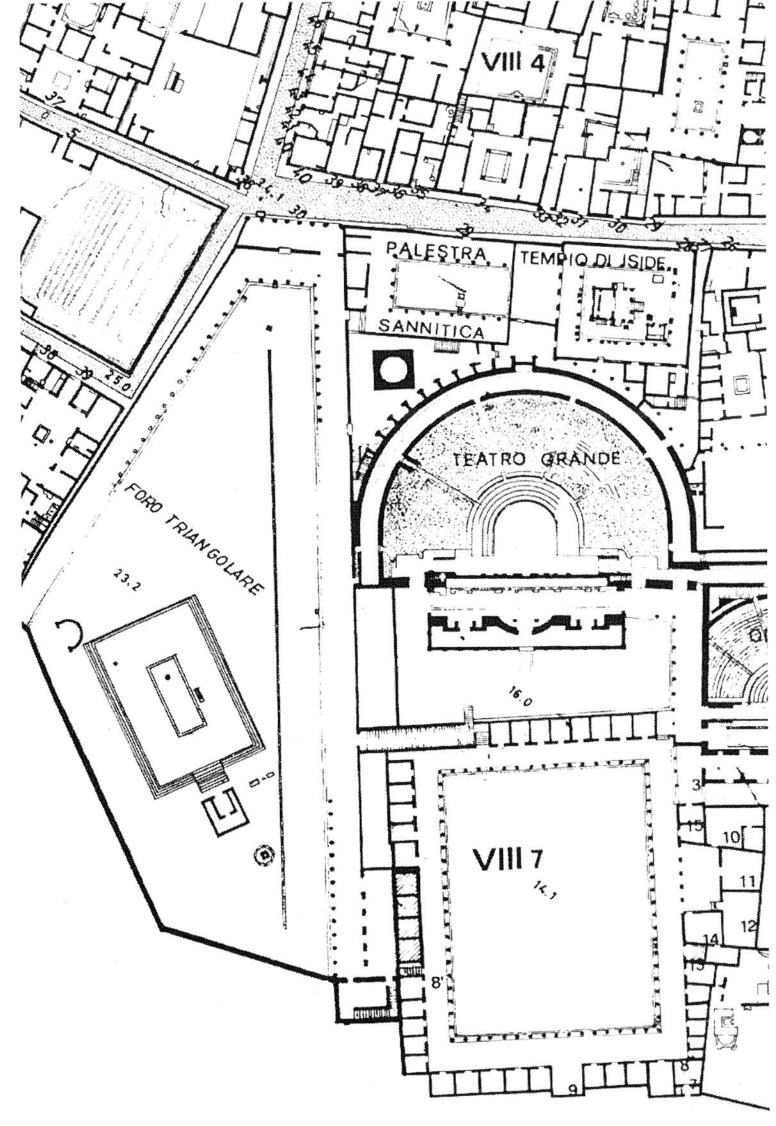

图47 意大利庞贝古城，大剧场区的平面图，不同的建筑有不同的平面形式。

型文化形态，是一个多人种、多民族和多元文化不断快速变化的文明体现。反之，中国社会曾经而且一直是单一型文化形态，基本上是单一人种和单一民族；甚至用武力征服中国的外族最终也被华夏文化所征服。与罗马文化不同，华夏文化的特点是“永久意志”，同时吸收和融合外来哲学和宗教的影响，例如佛教和伊斯兰教，并不断地加以汉化。

图48　古罗马时期测量用的定中仪（左上）。

图49　中国12世纪《营造法式》描绘的水平尺（左下）。

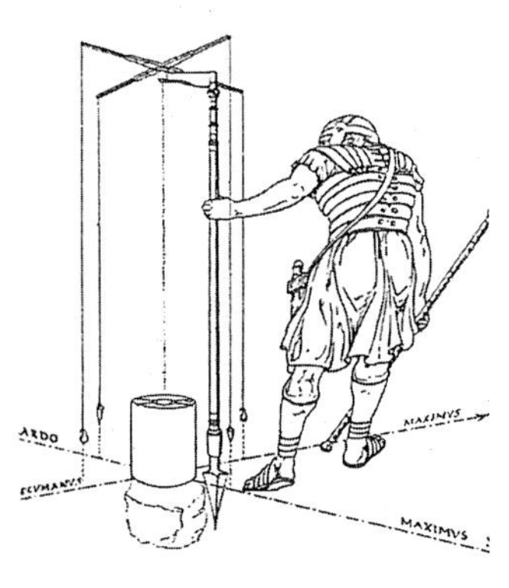

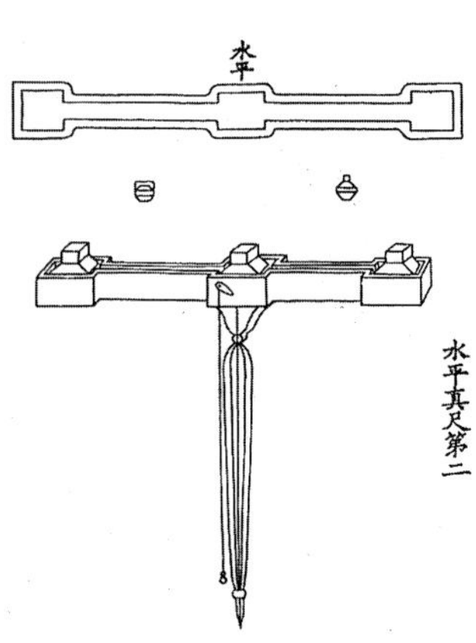

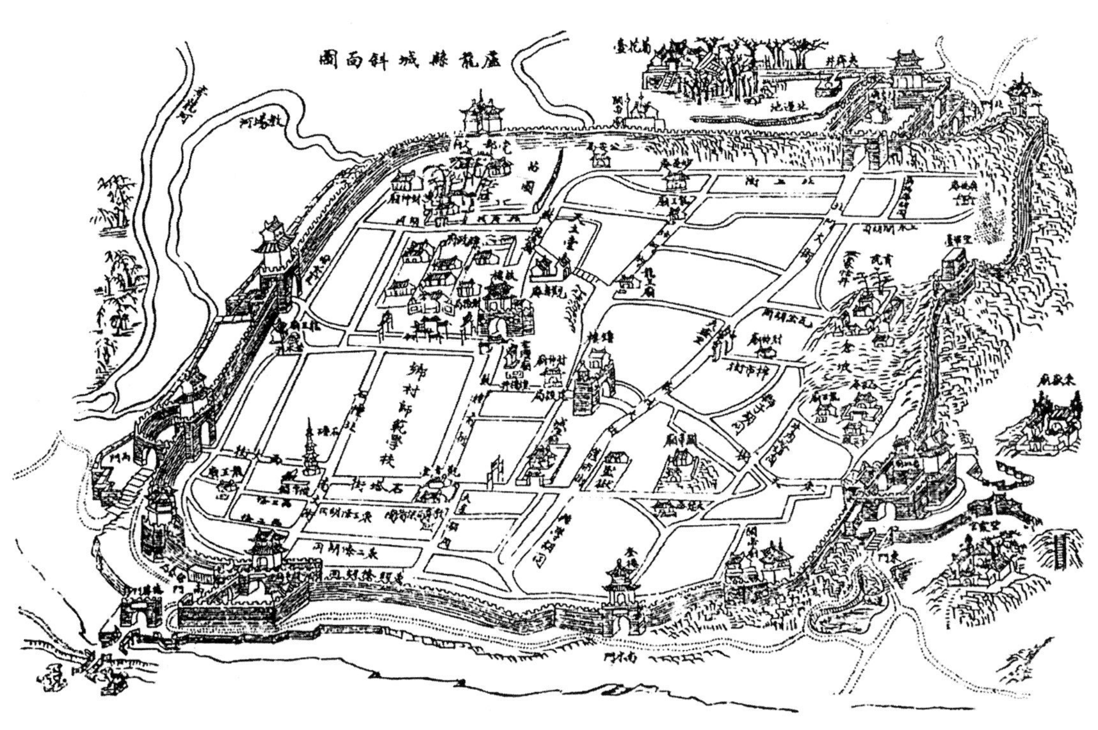

图50 清代河北庐龙县城图，取自1931年的出版物。城墙有四座角楼，五座城门，东侧城墙上有一座望敌台，城中央有钟鼓楼、衙门以及城隍庙。（采自G.W.Skinner）

以农为本的城市

城 堡

像其他重要的中国经典文献一样，《周礼》记载和编辑了它前面一个历史王朝——商朝（公元前17-前12世纪）的社会经验和知识遗产，但它的内容却引入了周代（公元前12—前3世纪）的“革新”内容，它对后世的城市理论影响甚深，我们可以从最初的王朝都城到明代永乐皇帝的北京乃至其他城市看到这些影响。“东周（公元前770－前221年）前期在城市营造的创举中，最重要的是将城市按功能要求划分区域或领域，这种方法也许在商朝的都城中已现雏形，但是这时期已经完全实现。东周的城有一个中心区，一般周围有城墙，里面有宫殿和

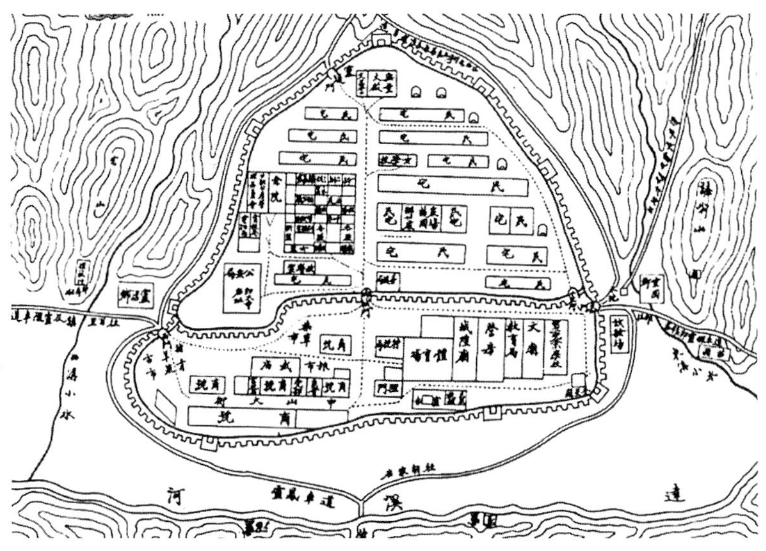

图51 清代甘肃灵台县城图，取自1935年的出版物。城墙的形状因地制宜，中央一分为二，北城有衙门，南城有市场（右）。（采自G.W.Skinner）

图52 明代的安徽凤阳县城图（右下）和府城图（左上）。

图53 1890年的安徽寿春县城图，从隋至清一直为州府，城墙建于1224—1208年（左下）。（采自R.Yisan）

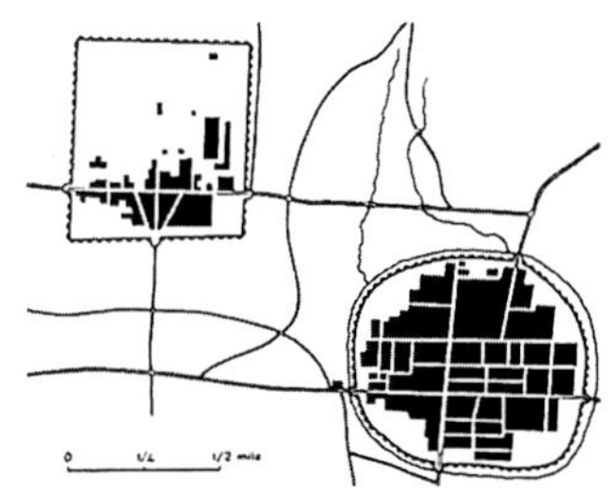

达官贵人使用的重要建筑。在这个中心区的周围另有一个设置城墙的区域，里面分布工业及手工业区、居民里坊、作坊、商业街和市场。城墙外有护城河以及后来增加的作坊。随着时间的推移，这个最初纯粹实用的双重保险的方法在城市建设规划理论中占据了重要的地位。”[4]

作为《周礼》传授的古代经验之一是城墙的形状，矩形的城墙首先运用在地势平坦、气候干燥的华中和华北一带，即便是普通设防的城市也是这样。后来，矩形的城墙成为最被推崇的形式之一。在历史进程中，这种矩形的城墙是被用得最多的形式，其次是象征着天的圆形、椭圆形和非常少见的钝角三角形。作为例外现象，有些城墙的形状呈现某些动物的轮廓，传统观念认为这些动物具有祛魔除邪的力量，如福建泉州府城墙形如跳跃的鲤鱼，象征着好运。少数情况下，城墙被迫呈现不

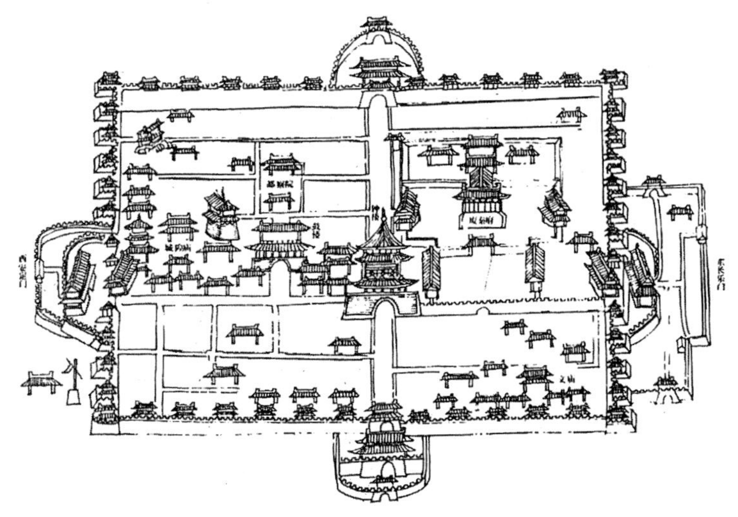

规则的形势。这种情况在南方地区较为多见，主要是为了顺应山峦起伏和河流弯曲的特殊地形。这些后来繁荣起来的南方地区,因为不同的地形条件使南方城市的营造渐渐偏离了那种专为北方城市制定的理想方案,就连南京那样的重要都城也不例外。

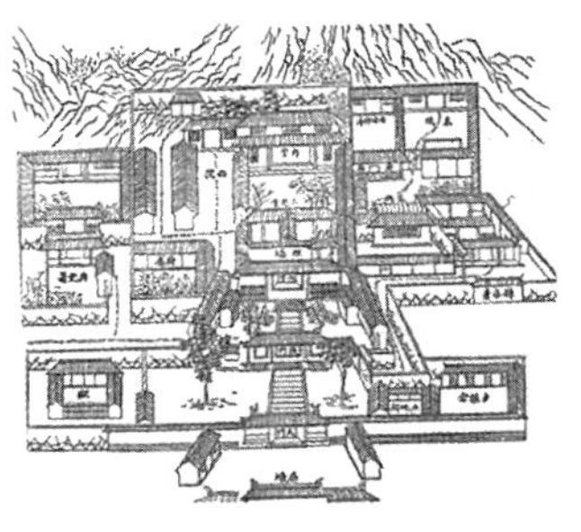

图54 明代的西安城。这里曾是千余年的国都，此时成为州府（左上）。
图55 清代绍兴府山阴县衙门图（采自 G.W.Skinner）（右）。

以农为本的城市

不管怎样,都城城墙里面的格局都是根据正交的交通网络来组织，表现出遵从简单而规则的聚居形式的意愿。在华中和华北地区,只有极少数因自然条件限制或者因商业或航海活动的需要而形成的聚居形式才会有不中规矩和颇为复杂的结构。但是，中国的古代城市一般不以商业城市而出现，不位于商业要道或战略要点上；而是作为以农为本的聚居中心，建立在水源丰富和地势平坦的地方，地处大面积适于耕种的土地附近。中国古代城市在功能形态的确定上,商业活动一直处于次要地位，因为商人的社会地位排序较后，而农民的排位却仅次于文人阶层。在汉朝，甚至禁止商人拥有土地，限制商人的优裕生活，经商的所得也常常受到道德上的谴责，这种所得被认为是与一个朝廷命官的身份,即儒家所谓的“君子”之德不相配的。在这种观念下，商业从来不是建立城市的主要目的，城市从来不以贸易场所为特征,市场总是被布置在城市里面较为次要的位置。

决定一座城市的建立与否，一般不取决于权贵们的意愿，而是取决于农民争取扩大新的农耕土地的意愿。对新拓疆域的殖民统治实际上不通过武力征服,而是通过以农为本的农耕政策实现对土地的占有，把非常先进的中国式（指的是以汉族为主的——译注）的农业技术和生产方式引进新拓的疆域。只有经过长期的土著汉化和土地的农业殖民化后，扩张后的疆域才变为军事前沿，并建造坚固的城墙。随着时间的推移，有些建造城墙的城市会设立驻军指挥部和中央政权的驻外行政机构，发展到这一步，就有了地方城府的特点。但是，某些妄尊自大、觊觎皇位的地方君主入政地方城府后，会在城市中全部或部分地引入皇家都城“象天设都”的布局特征。

图56 1808年印刷的《耕织图》插图，农民正在稻田插秧苗（左上）。

图57 1808年印刷的《耕织图》插图，一位农民正在扶犁耕田（左下）。

图58 1808年印刷的《耕织图》插图，一位农民利用桔槔和竹桶正在从湖水中提水浇灌稻田（右）。

文化制度的城市

中国古代的城市形态如此长久地保持不变的原因，不仅是因为它们的历史先例具有特定的价值观念，就像我们西方城市具有的法律和逻辑一样；而且城市的象征意义是皇天观念的组成部分。从性质上讲，中国人对这些观念是孜孜以求的、经久不变的。但是，这个组成部分在中国文化的总体价值体系中却是次要的，因为中国文化的总体价值体系是建立在儒学基础之上的。儒家思想是社会伦理基础的集大成者，它“……对社会稳定问题作出了具有历史意义的回答，也是所有保守社会系统中最成功的思想”[5]。儒家的社会组织基础是建立在宇宙秩序和制约人际关系的贵贱等级上，儒家建立了一个社会需要的常规体系，个人的表现必须符合社会的需要，社会中每个

图59 北宋画家张择端在《清明上河图》中描绘的沿河人家的生活（右上）。

图60 1905年出版的《钦定书经图说》插图，画面中妇女领着小孩站在宅院门口。当时妇女的公共活动是受限制的（左下）。

图61 清代画家焦秉贞的《祭祖图》。家庭中的男性成员跪拜在祖宗画像前，妇女和孩子却侧身躲在屏风后面。画家曾是一位皇家官吏。

人都有他对应的社会作用，如果所有人都按照本分去做，社会秩序就有了保证。把社会组织建立在君臣、父子、夫妻、兄弟、长幼的纲常等级上，保证臣民无条件地彻底地接受对皇帝的臣服。违反既定的等级制度被认为是大逆不道的，按重罪进行惩罚，严重情况下甚至会被处以极刑。

儒家把士大夫阶级置于社会地位的顶端，在一个几千年来将书斋文化（这里主要指的是儒家学说——译注）视为社会中惟一晋升手段的国度里，以文人为代表士大夫阶级属于特权阶层。通过书斋文化的修养可以变成文人，即所谓的“君子”，并且获得权力和财富。文人的首要作用就是能够使皇帝所代表的中央权力合法化并保证其世代延续。在汉代，推行独尊儒术，儒家学说被提高到国学思想的地步，成为一个政治统辖文化、宗教和经济的社会。文人除了文化权力，还拥有政治权力。因为他们凭借着自身的智慧，他们成为惟一能阐释传统文化的人群，而传统文化对于政府或者个人来说都是无可争议的行动指南。此外，良好的教养还能使文人成为卓越的行政人才，因为教养使他们成为指导其他人工作的楷模；同时，楷模也是教导人民正直诚实的工具。用孔子的话说，就是“其身正，不令而行；其身不正，虽令不从。”“君子之德风，小人之德草。”（以上两句分别出自《论语·子路》和《论语·颜渊》——译注）

在中国历史上，文人具有的社会支配地位使得他们的哲学思辨不涉及美学，文人也不考虑建筑理论和实践，建筑匠师被排斥在文化和职业领域外，这些严重影响了城市和住宅的形态，使得城市和住宅的形态长期保持在原有的形态上。中国传统文化在许多方面都显得趋于保守。因此，我们通过考察居住

图62 北魏画像石刻局部。画面的内容是颂扬孝子蔡顺，表达了子女对父母的悲悯。一场大火烧毁了整个城，蔡顺侥幸逃脱，母亲却被烧死了，家中也仅留下一间房子。在母亲的葬礼上，蔡顺俯身趴在母亲的棺材上，祈求上苍的保佑。

形态和布局的长期不变性，就可以发现，这不仅是文人儒家思想和文化及社会方面长期稳定的结果，也是营造技术世代相袭的连续性的结果，因为珍视自己经验的匠师们几千年来一直恪守着传统的建筑方式。

这个保守的自然倾向后来变成了有意识的政治纲领，特别是从宋朝（公元960－1279年）开始，文化变革受到新儒教的抵制，后来又遭到明朝（公元1368－1644年）狂热复辟活动的抵制。前者是一次试图巩固和加强以皇帝代表的中央集权的思想改革，又一次提出古代模式和经书教条，使原来的儒学理论进一步僵化。明朝是汉族皇室，在努力消除长达四个世纪的外族统治的痕迹时，采纳保守、排外和反对经商的理学文人的建议，断送了当时比西方先进的科技和航海的优势。

注 释

[1] R.Guenon,La Grande Triade,Adelphi, Milano,1980, cap.XVI, p. 138～p.139

[2] P.Cuneo, Rappresentazioni Cartografiche che di Pechino(sec. XVII～XIX), in<Storia della Citta'>,12/13,1979， p.79～p.94

[3] A.F.Wright,The Cosmology of the Chinese City, Stanford University Press, 1977， p.41

[4] A.F.Wright,The Cosmology of the Chinese City, Stanford University Press, 1977， p.38～p.39

[5] J.K.Fairbank,China,a NewHistory, The Belknap Press of Harvard University Press, 1992, p.53

第二章

中国的四合院住宅

氏族家庭

家族与等级

在中国古代，一个上层家族是一个不但在地位上而且在人数上都占据优势的小型自治团体，其实力来自于互相依靠基础上的互相扶持。因此，富裕家庭中的已婚成员和未婚成员都尽量地生活在一起，形成一个日益庞大的团体，以至于四世同堂被认为是一份“大福气”。但是这份福气往往难以尽数得到。因为与这种家庭相反，大量的小商小贩和手工业者的家庭、特别是农民家庭多表现为分裂的数个分居的小家庭，这主要归咎于农民家庭中男性后代的结婚分家或离家外出谋生等经济原因。实际上，在中国，长子继承权制度早就被废弃了，家庭的全部遗产必须被这个家庭的所有男性后代平均分割，由此造成了地产和房产的支离破碎，这是中国地主在政治和经济上软弱无力的首要因素。长子得到的只是被公认的对其他亲属的指使权和主持某些仪式的义务，而不是全部财产。因此，毋庸置疑，他继承的只是道义上的威望，而不是经济上的实力。

图63 明代皇家官吏的石刻画像（左上）。

图64 山西芮城，永乐宫元代壁画中的人物（左下）。

在明代（公元1368－1644年）或清代（公元1644－1911年），一个富裕家庭能达到上百号的人口，包括数个几代人的“家长”（老年父母和儿子、孙子、重孙的家庭）、未嫁女性（已婚者随居夫家）、妻妾、子孙以及众多仆人组成的家庭。为了保护家庭不受伤风败俗的影响，家庭生活须遵从严苛的家规和男女授受不亲的原则。随着时间的推移，这个原则逐步把妇女完全排挤出了社会生活。根据这个原则，男女分工不同，夫妻生活有着严格的规定；例如夫妻不能同床而眠，不能共同洗澡，不能使用同一个挂衣架，即使是无意的当众抚摸也不允许，甚至不能用手相互传递东西。儒家的经典之一《礼记》就夫妻关系有如下论述：“礼，始于谨夫妇，为宫室，辨外内。男子居外，女子居内，深宫固门，阍寺守之，男不入，女不出。”（此句出自《礼记·内则》——译注）

内外这两个词用来明确男女两性在社会生活中的职能，帮助我们西方人理解中国空间组织和住宅形态结构基础上深层的文化因素。

尽管当时妇女的生活状况并不像儒士和理学家所想象的那样糟糕，但是，一个富裕之家的女人们肯定要将自己封闭在高墙深院之内。文学作品中刻画的理想妻子的形象可见于班昭（约公元49—120年）著的《女诫》，这是关于妇女地位的最为苛求的文章之一。该书的作者是一名在普遍文盲的妇女世界里赫然独立的女作家，她建议把教育普及到妇女，目的竟是给妇女提供一个工具，借此来进一步强化男尊女卑的意识，更好地使妻子履行对丈夫的从属义务。实际上，在君主时代的晚期，中国妇女也曾享有对西方人来说毋庸置疑的某些特权，比如拥有丈夫的某些权利，至少在每月规定的次数内从丈夫那儿得到性满足的权利。但是在实施的过程中，只有为数不多或程度有限的兴奋或新鲜的体验。“在这种枯燥的日子里，传闲话、拌嘴、吵架成了日常生活中必不可少的排遣。女人之间的分歧多半由正房来调停解决，她有权动用鞭刑或其他轻刑。如果问题严重，则动用丈夫的权力。约定俗成的习惯法赋予丈夫一种家庭仲裁权，以至于如果他的女人中有人与仆人通奸的话，他有权将两个罪人就地处死。如果丈夫不能

图65 明代绘画《救母劝善》。画中的家仆依照母亲的吩咐正在惩罚孩子，这是为了更好地教育孩子（右上）。

图66 明代绢绘彩画。官人和奴婢（左下）。

解决问题，他可以把问题提交给家族中的长者去解决。至于社会底层，如小商小贩和手艺人，可求助于行会……。只有当其他办法都难以奏效时，作为迫不得已的选择，才会把问题提交给地方衙署。”[1]

直到不久前，中国家庭曾经一直是小宇宙式，像一个微型社会。家庭——而不是个人——是一个社会单位，在当地的政治生活中是一个需要承担责任的组成部分。因此，家庭受控于一个森严的等级制度，父母至上，其次是男性，再其次是老年人。这样，年长的父亲理所当然是一家之长。“父亲是绝对的独裁者，他控制家庭的所有收入和财产，他还是子女婚姻的决策人……。根据法律，他可以将子女贬降为奴；

图67 明代绘画《琵琶记》。手持琵琶和其他乐器的女乐伎（左上）。
图68 明代绘画《牡丹亭还魂记》。露天舞蹈（右下）。

如果他认为子女的行为有严重过失的话，甚至可将他们置于死地。实际上，中国父母按照所受的教育和他们的秉性应该是最宠爱子女的一族，因为都是家庭中的成员，他们和子女之间存在着一条相互负责的义务纽带。但是，做父亲的如果想为所欲为的话，法律和家规对他的蛮横专制只有相当有限的监督和控制。”[2]在中国，任何破坏等级制度的行为，哪怕是针对家庭内部制度的，都会被看作是严重的冒犯而受到惩罚，甚至被杀头。尊重权威被认为是不可推卸的义务，即便（也许首先）是家庭的权威。儿子要学会服从父亲，这是不可替代的切身教育，作为今后身为臣民时无条件地接受皇帝的统治做好必要的准备。在一个以尊重权力为基础的社会里，

图69 陕西，党家村。院子里面晾晒麦子，两侧厢房重建时采用了砖和抹灰（左下）。

图70 陕西，党家村。在屋檐下面晾晒玉米棒（右上）。

图71 陕西，党家村。在院子里面晾晒玉米和豆子（右下）。

包括伦理在内的一切活动，最为首要的任务就是巩固已有的权威，这种观念几乎是不加隐讳的。因此，每个集体、家庭乃至个人的社会活动，首要的道德标准就是遵守制度和服从上司，首先是服从皇帝和父亲，他们分别代表国家和家庭的首脑。

中国住宅各部分之间具有的严谨的几何关系、绝对的对称形式和森严的等级制度只能是严厉的治家秩序在建筑形态上的一种反映，只能是以传统教条和社会作为伦理要求的一种表现。此外，由于国家等级制度的结构与家庭相似，所以中国老百姓的普通住宅也跟帝王宫殿的形式基本相似；在西方，这两种建筑之间却毫无共同之处。千百年来，在建筑的类型和形态上，我们这里的住宅、公寓及类似的建筑一直与公共的、权贵的和典型的建筑（例如宫殿、教堂、墓地……）走着迥然不同的发展道路。因为前者是大众朴素文化的产物，是普通百姓意识和生活的直接体现；后者产生于艺术家的设计思想，而艺术家的设计思想表达着统治阶级的意志和需求。西方的建筑诞生于这两种不同社会文化之间的对话；而中国的建筑只有一个体现着文化、工艺和象征的伟大传统，这个伟大传统反映出所有的建筑都具有一种统一的平面形态——庭院。不论是农宅、民居、宫殿、衙署、陵寝、庙宇或其他建筑，都体现出这种普遍性质。

图72 北京，四合院。一家人在宅院西北角的厨房外面用餐（左上）。
图73 院子中经常可以看到的日常生活景象（右下）。

庭院与中心

在中国，家庭的概念往往把住宅与庭院密切地联系在一起，如“家”和“家庭”这两个词就是证明，两词都含有“家”的意思；但前者也指“住宅”，而后者多是书面用词，是“家”（住宅或住户）和“庭”（庭院）的组合。由于对外部世界封闭，独家居住的庭院式住宅成为最符合中国家庭那种自我封闭式的微型社会的居住形式。此外，“家”这个词除了表示“家庭”和“住宅”外，还带有一种抵御外来自然厄运的含义，因为在“家”所包括的空间里，庭院式住宅是安全的居住地和宁静的生产地。作为与家庭成为一体的圣地和象征，庭院式住宅还成为这个国家封建等级组织结构和传统社会集体独有特点的隐喻。在

图74 陕西，党家村。老人在两院之间的夹道中玩纸牌（右上）。

图75 北京，四合院。西厢房的前檐柱廊（左下）。

这个国度里，个人行为被社会组织所吞没。不论是从理想上还是从现实上说，这种特点反映了家庭在中国社会里的中心作用，庭院的理念还与中心的理念不可分割地联系在一起，它包含了住宅的中央空间具有的宗教意义。格拉奈（M.Granet）已经发现住宅和宇宙之间的相似性[3]，但是，最终是他的弟子斯坦恩（R.A.Stein）深入研究了中央空间“天井”的宗教意义，认为住宅通过天井与天地相连通[4]。斯坦恩指出，在古代，建筑庭院中的显要位置陈列着家族祖宗的牌位，这样，庭院代表住宅的中心，相当于一个村镇或地方的社会生活的中心；牌位代表列位祖神，对应于土地之神。在许多历史文献中，这个土地之神又不时地与另一个家神——灶神混淆在一起。

图76 北京，四合院。从高处看到的小院子（右上）。

图77 北京，紫禁城。从东门看乾清宫的院子（左上）。

图78 北京，四合院。前面是作为入口的垂花门，两侧是厢房，后面是主人的正房（左下）。

中国人还对中心的理念赋予了更为重要的意义，这个意义生动地体现在住宅的三分式布局。普通住宅或大户人家的内部由三个环境空间组成，中间的那个环境空间（指的是堂屋空间——译注）代表着阖家，有时会有炉灶，它是家庭整体的标志。因此，不但从象征形式上看，这个空间的建筑是住宅中最重要的房屋，而且从功能要求上看，它还是独具特性的房屋，在日常活动中具有重要的地位。住宅中的房屋采取对称的方式平均布置，日常活动都围绕着堂屋进行，譬如举行家庭礼仪，婚礼及葬礼等仪式。从实用观点看，堂屋具有公用大厅的功能，而且起着入口引导的作用，因为这儿是贯通住宅内部与庭院的惟一通道。这个位于整个住宅中轴上的正房，白天总是开着门，让颇有特色的室外空间渗入室内。形象地说，起到了中央空间的传导作用，堂屋的门总是面对着举行神圣或乡俗庆典的大案桌，案桌上供奉着祖宗的牌位和神像、亲属朋友馈赠的字画、

函匣、供品和香烛。案桌上面摆放的物品和屏墙上面悬挂的绘画和对联，还起到了从前院到后房之间的背景或帷幕作用。

事实上，在住宅里面就像在庙宇和宫殿里面一样，客人的活动是被限定的，在通往目的地的过程不得不按照预先设计好的线路行进，这种刻板的组织结构迫使客人几乎无不从遵守礼仪的角度来欣赏住宅。用音乐术语来说，一系列的庭院就像音符，由“调式”和“节拍”决定着建筑景观感受的“停顿”，而这种建筑景观的感受又被礼仪约束着。由于庭院构成元素的抽象和重复，建筑“……不再是物质的实现和特征的表达，而好像是一种想像中的景观，客人的行为也变成了一种循规蹈矩的活动……。”[5] 中轴变成了整个建筑中带有强烈隐喻色彩的结构

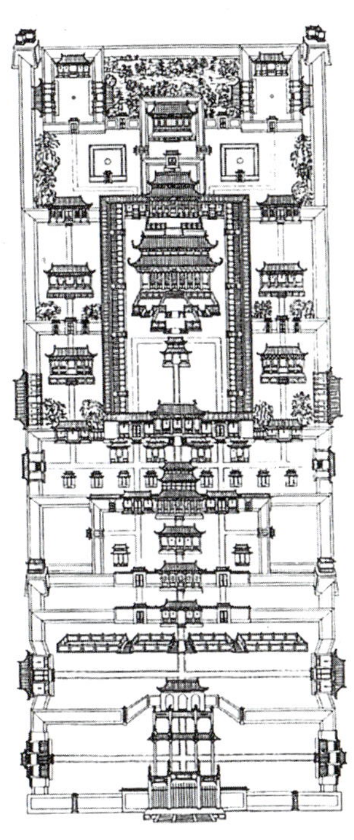

图79 中岳庙碑刻图，表现出中轴线的特征（右）。

图80 中岳庙，沿着中轴线可以看到一连串的院子（左）。

角色，变成了恪守的规矩，必须通过这种结构和规矩来组织“虚空”的空间体系，相比之下，限定建筑界域和相互对位的“建造”空间仅仅起到了次要作用。中轴还是一种逻辑工具，通过它以明确的礼仪意义联系室外空间和室内空间，这些空间分别作为庭院和其他房屋的中心场所。中国文化把中轴的理念和中心的理念结合在一起，使两个表面对立的理念浑然一体。

图81 四合院。左图表示院落空间的主次关系；右图表示院落空间的使用关系（左上）。

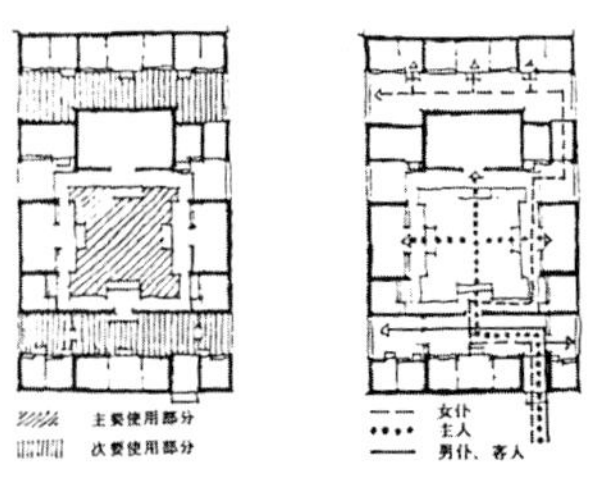

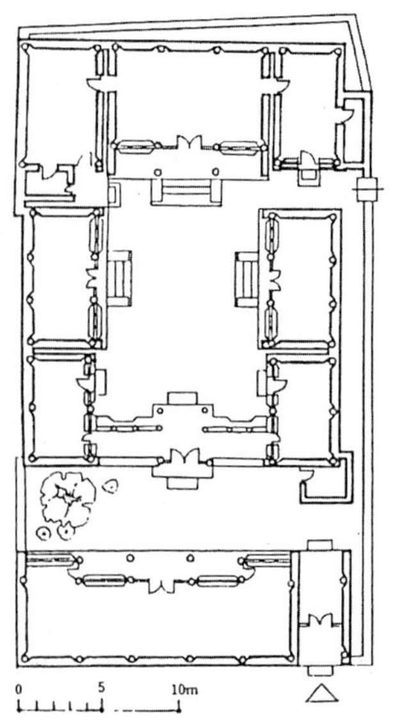

图82 北京，四合院。一个中等规模家庭居住的四合院，一个正院、一个前院及一个侧院，宅门旁边为倒座房，用作门房或候客房，来客在此暂时歇息恭候主人（左下）。

庭院的基本特点

从中国住宅的形象角度看，庭院是住宅中最为显著的居住元素；从形态和功能的角度看，庭院也是住宅最为重要的组成部分。不论是作为住宅的建筑形式还是家庭的生活领域，庭院与其周围始终是封闭的和围合的，将外部市井的现状和喧嚣拒之门外。庭院的形式或是正方形或是长方形，比例和谐，对称平衡。庭院里面恰如其分地安排过道，布置门扇，种植树木，陈设鱼池和鸟笼。一条柱廊环绕庭院的四边，它划定出庭院的界限，同时连接着各个房屋。这条柱廊既是住宅格局分配的主要元素，也是停留和观赏住宅内部空间的地方。所有房屋都朝向庭院，借此来获得空气和阳光，家人都能够拥有独立于他人的生活空间。因为没有更高的建筑遮挡视野，尽管从庭院里面可以抬头看到遥远的天边，但是住宅的封闭和围合使得庭院的内部空间与城市的外部世界相隔离。封闭与围合、自在与独立对应着一系列开闭、内外、公私相对比的空间，这是中国建筑文化中以最普通的二分法来表达封闭与开放的性质的独特手法。

不论是建筑本身缺乏体积上的紧凑，还是刻意突出其开放空间的作用，中国庭院式住宅的理念与西方建筑的理念相去甚远。中国住宅表现出的特点是数个形式上各自围合、体积上各自独立的庭院和房屋的复杂组合体。房屋沿着宽阔的中心庭院的周边独立地布置，但是，建筑的整体布局又使它们之间紧密相连。相对于其他建筑元素来说，在形态、象征和功能方面起决定作用的元素是否具有优先的地位往往取决于其相对于中轴或中心的位置如何。此外，建筑元素的特殊性只能依靠加大面积或增加高度来获得，因为整个建筑的所有组成部分都采用差不多相同的建筑构件、装饰样式和施工技术。

四合院

四合院是北京地区庭院式住宅的一种形式，它是一种从12世纪演化过来的建筑成果。四合院的平面为长方形，高度为一层，周边由一个环绕围合的无窗高墙所封闭，高墙阻隔了任何形式的内外接触。最典型的四合院的形式是沿着一条纵向中轴排列的三个院子：中间的院子最大，称作正院，平面呈正方形，它是整个住宅的空间、功能和精神的中心。正院的面积占到整个住宅的40%，主人的房屋面对着它。其他两个院子较小，平面呈扁长的长方形，作为杂务和辅助的用途。住宅的正房位于中心正院的中轴线上，坐北朝南，它的体量比其他房屋都高大。这是整个住宅中最为显赫的房屋，

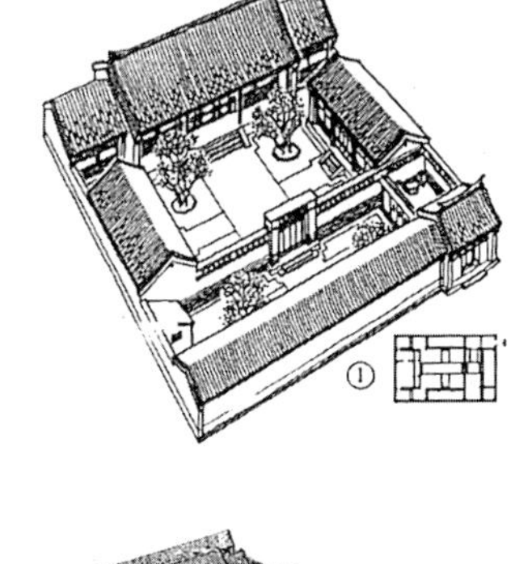

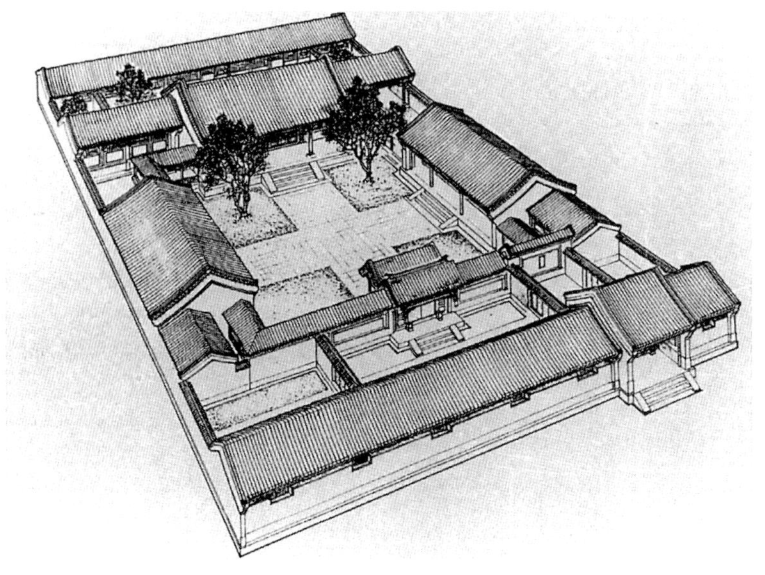

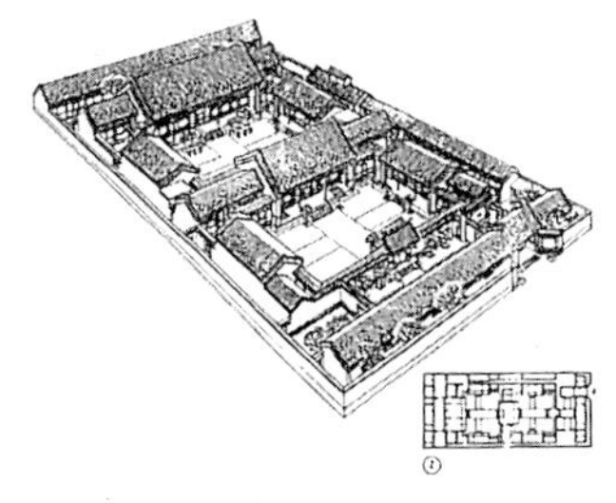

图83 北京，四合院轴测图。带有一个正院和前院的住宅形式（右上）。
图84 北京，四合院轴测图。带有两个正院和前后院的住宅形式(右下)。
图85 北京，四合院轴测图。带有一个正院和前后院的标准住宅形式（左）。

因为它是给家里年长者居住的。正房的对面是垂花门（内门），正院的东西两侧各有两排规模一样而且形式对称的房屋，称作厢房，这里是已婚儿子们的房屋。厢房的房间都采用同样的布局形式和实用配置，很像普通人家的条式住宅。在正房的两侧有两个更小更低的房屋，称作耳房，那里住着妻妾和内仆。

一堵带有柱廊的隔墙和垂花门把正院和前院分开，门房、候客厅和那些不能进入内宅的客房（倒座房）都面向前院。这是住宅的居住私密核心与外部街道之间的过渡空间，这是中国人的建筑创造，目的是把家庭生活与外部世界更好地分隔开，于是在住宅和街道或胡同之间又增加了这么一个过渡空

图86 北京，四合院。垂花门向外一侧的景象（左上）。

图87 西安，四合院。宅门两侧的抱鼓石，上面雕刻各种装饰图案，用来平衡门扇的重量（右上）。

图 88 陕西，党家村。宅门内的影壁，遮挡宅院外面街道上的视线，防止邪气侵入，巨大的“福”字据说能有避祸消灾的作用（右下）。

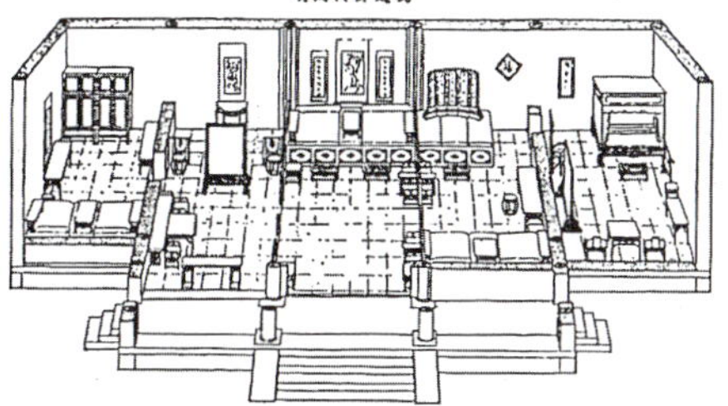

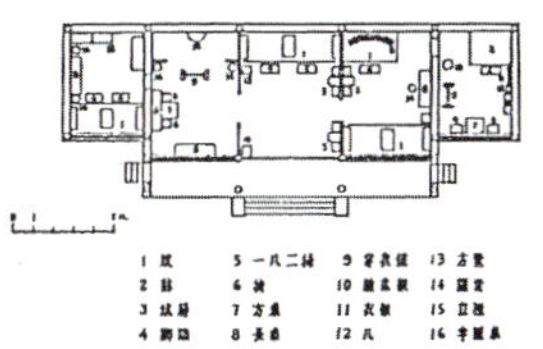

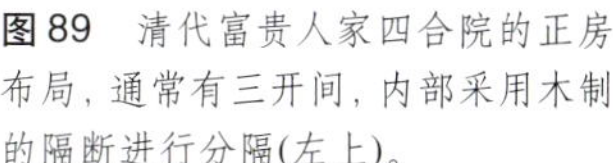

图89 清代富贵人家四合院的正房布局，通常有三开间，内部采用木制的隔断进行分隔(左上)。

图90 北京，四合院。正房当心间的内部景象（右）。

图91 北京，颐和园。排云殿的内部景象（左下）。

间。住宅大门与街道相连通的是一个开敞的门廊，这里存放着交通工具。住宅大门的正对面建有一座影壁，这是一堵在北面截断门廊的短墙。为了保护住宅不受邪气厄运的影响和阻挡街道的视线看到院子内部，影壁上面一般镌刻着象征吉祥的器物或驱魔祛邪的图案，它的前面常种有花草。住宅越是规矩工整，城市就越显得杂乱无章。因此，有钱人家会在舒适的住宅前方再开辟一块空间，在大门对面的外部再建立一道影壁，至少象征性地划出一块属于自家的城市空间。

在正院的后面还有仆役们活动的后院，布置着厨房、仓库和仆人的房屋，称为后照房。有时这些房屋可建两层，被称为后照楼。住宅也可以根据居住需求的不同而改变房屋的

图92 上海，豫园。1559-1577年间制作的窗扇。

图93 苏州，两副反映城市民居布局结构的鸟瞰图（左上、左下）。

图94 苏州，多进院落的住宅，右上图为屋顶平面，右下图为底层平面。

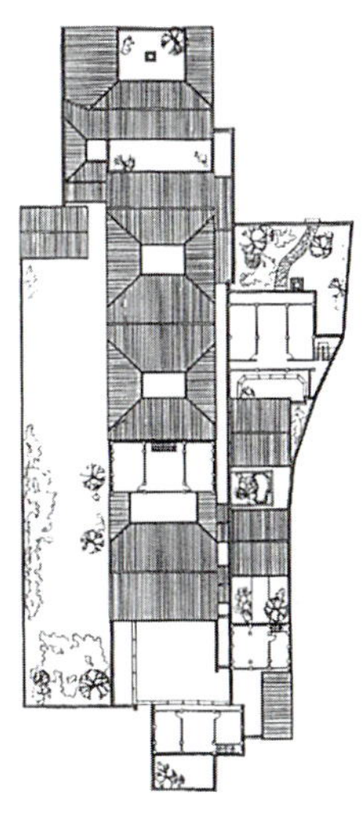

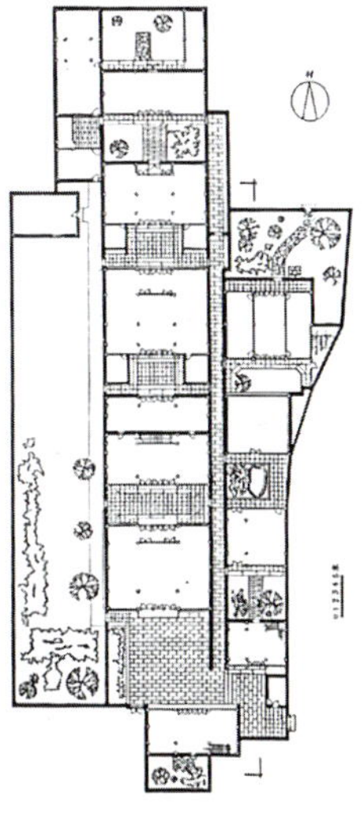

用途，首先是改变那些次要房屋的用途，即便那些次要房屋的用途与前述的基本规定有出入，它们的建筑空间以及空间之间的联系不会改变，因为它们受到一个建筑形态法则的制约。这个建筑形态法则如此严厉，以至于与其说是种类，不如说是模式；或者说得更确切一些，与其说是种类，还不如说是典范。

图95 陕西，党家村。临街口宅门旁的看家楼。

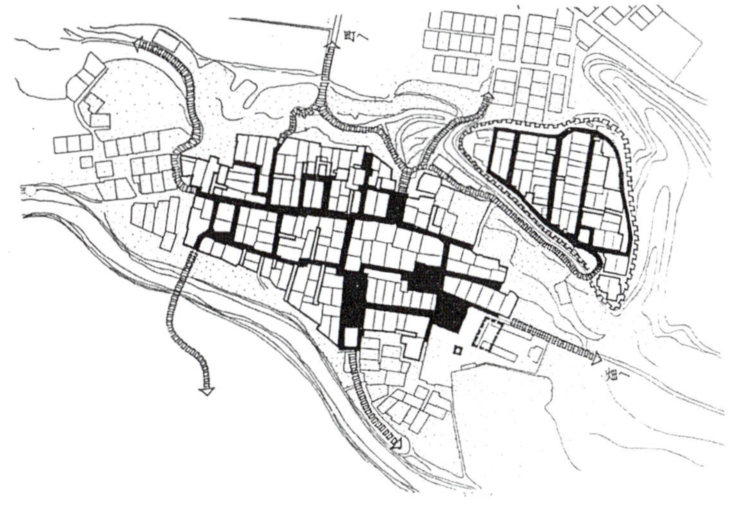

图96 陕西，党家村。建于明清时期的村寨平面图，左下为村落，右上为寨堡，村寨合一，黑线表示道路（上）。
图97 陕西，党家村。村中的风水塔具有避邪作用而没有宗教作用（左下）。
图98 陕西，党家村。从风水塔俯瞰村中（右）。

图99 苏州，留园。江南最有特色的私家园林，国家重点文物保护单位（右上）。

图100 苏州，狮子林。月亮门和太湖石造景（左上）。

图101 苏州，狮子林。海棠门和太湖石造景（左下）。

图102 上海，豫园。模仿苏州园林风格建造，宛如达官贵人的私家园林（右下）。

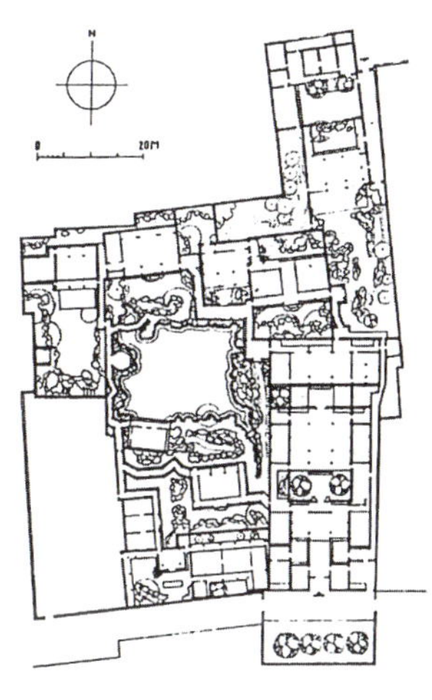

图103 苏州，狮子林。建于1341年，是城市中最古老的园林之一（左上）。
图104 苏州，拙政园。游廊（左下）。
图105 苏州，网师园。平面图（右）。

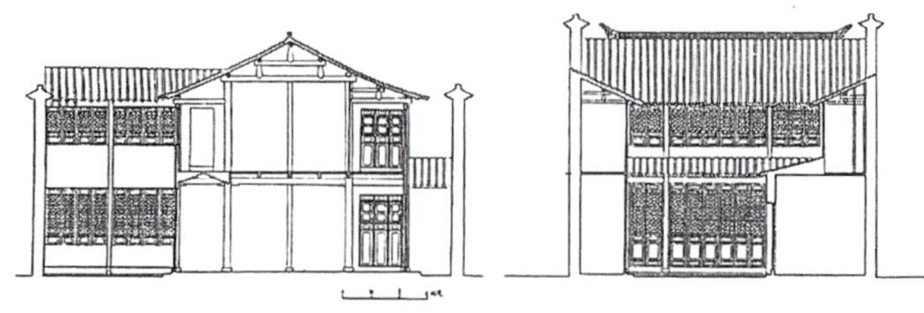

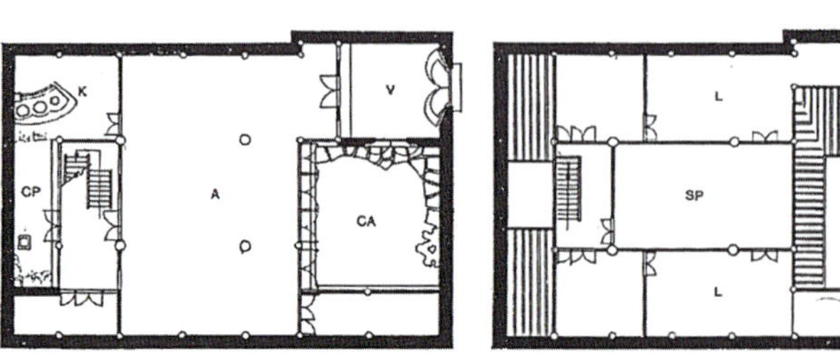

图106 上海，里弄住宅的一组测绘图，分别是底层平面、二层平面、纵剖面和横剖面。这种住宅兴起于19世纪中叶，具有中、英传统居家方式相结合的特点，一般3至2层，构成手法灵活，宅门有两道门扉，一个院子，正房位于院子的底端（右上）。

图107 上海，建于1920～1930年的两栋临街住宅。高度两层，一个内院，房屋沿院子周边布置，宅门为一堵高大的门墙，门洞采用雕刻门饰，两户住宅的装饰细部有所不同。（采自L. Novelli）（左）。

图108 上海，南市区的排列式院落住宅（右下）。

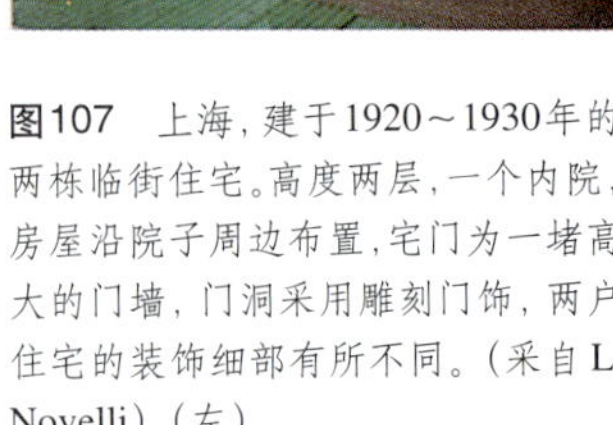

图109 福建，客家土楼。土楼院内的景象，中央有祠堂和公共用房，例如议事堂、厕所、客房以及水井。土楼的底层布置入口和灶房，二层是谷仓，三层、四层为居住用房（左上）。

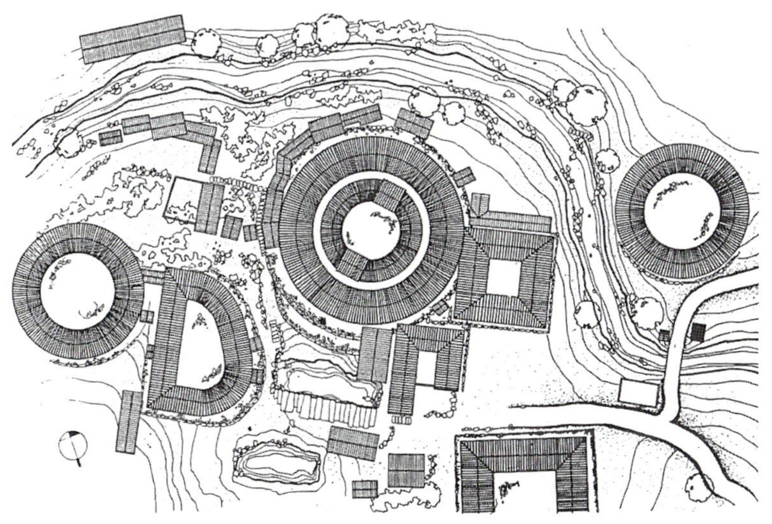

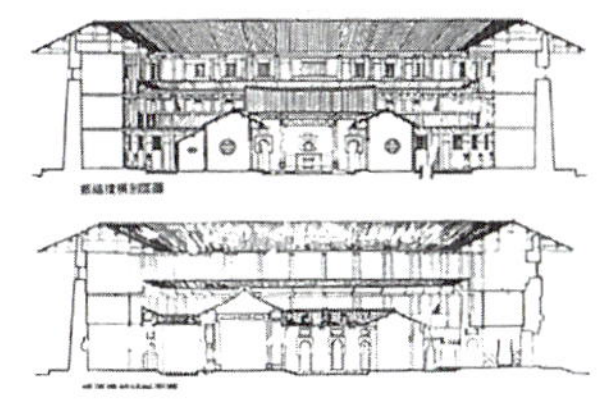

图110 福建，客家土楼。总平面图，形状有方形、圆形或者其他形状（左中）。

图111 福建，客家土楼。剖面图，土楼多为四层，底下两层不开窗，直径或边长40～70m（右）。

图112 福建，客家土楼。整体外观景象，处于防御目的的外观特征是围合和封闭的（左下）。

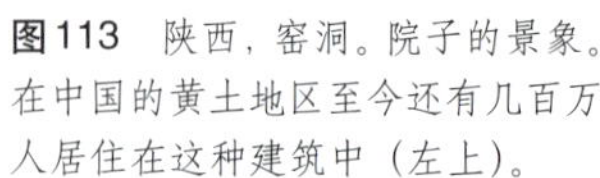

图113 陕西，窑洞。院子的景象。在中国的黄土地区至今还有几百万人居住在这种建筑中（左上）。

图114 陕西，窑洞。院子的景象（右上）。

图115 陕西，窑洞。院子里的水井。水井的下面是一口水窖，雨季里收集雨水，旱季里提取河水充满水窖（左下）。

图116 陕西，窑洞。院子里一孔窑洞的景象（右下）。

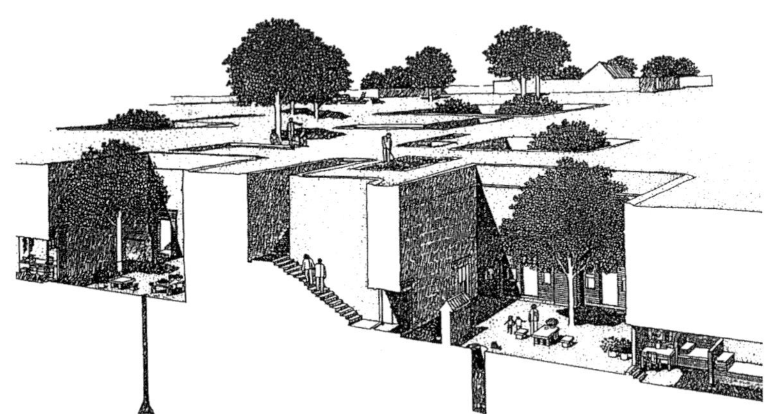

图117 河南，窑洞。轴测剖面图（左上）。

图118 河南，窑洞。东关村（音）照片。下沉式窑洞先由地面下挖一个地坑，面积约网球场大小，深度7-9m，“L”为坡道出入口。每孔窑洞的尺寸约10m × 5m，底面至拱顶高度约4m。整个村庄都由下沉式窑洞组成，包括生产用房和公共用房（左下）。

图119 河南，窑洞。一个下沉式窑洞院的平面（右上）。

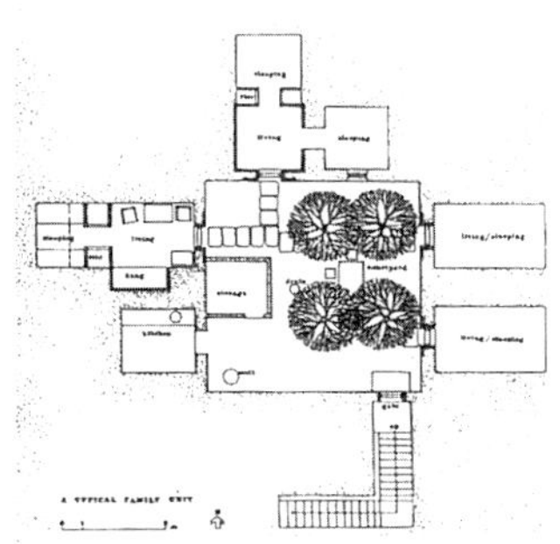

图120 河南，窑洞。洛阳附近中兴村（音）下沉式窑洞院的平面图（右下）。

庭院式住宅

罗马住宅与中国四合院的比较

中国的传统住宅，构件之间的组合是严格的，空间的建筑定义是固定的，面对社会的实用要求而产生的变化也是缓慢的。住宅的建造强调等级制度、家长意识和地位象征，严格的中轴和两厢的对称，还有庭园的类型、营造时间的长短和方式等，这些都令人想起古罗马住宅曾经具有的特点。它们大约是同一时期的产物，但是约两千年前古罗马住宅的这些特点已被抛弃。我们之所以将这两种住宅加以比较，是想深入探讨它们的相似之处，而不是满足于通过比较去为那些表面的相似之处进行辩解。

图121　山西，芮城。永乐宫元代壁画中的建筑，画面充分反映了中国人讲求于自然和谐、不破坏宇宙宁静的观念。

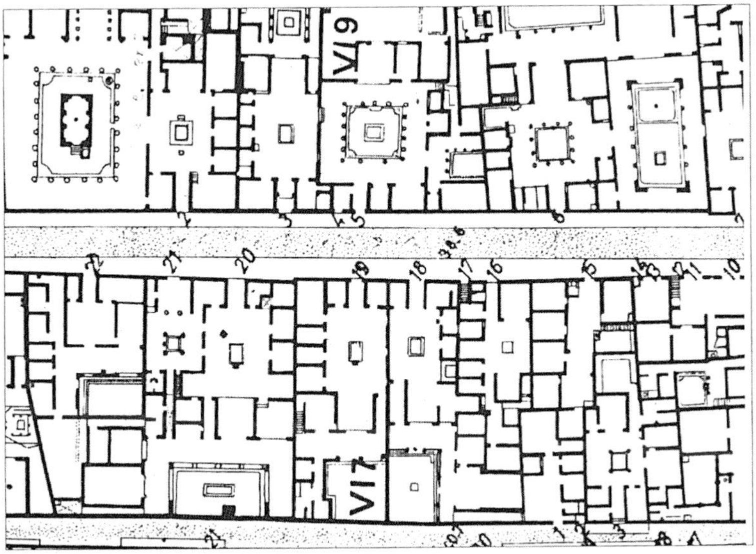

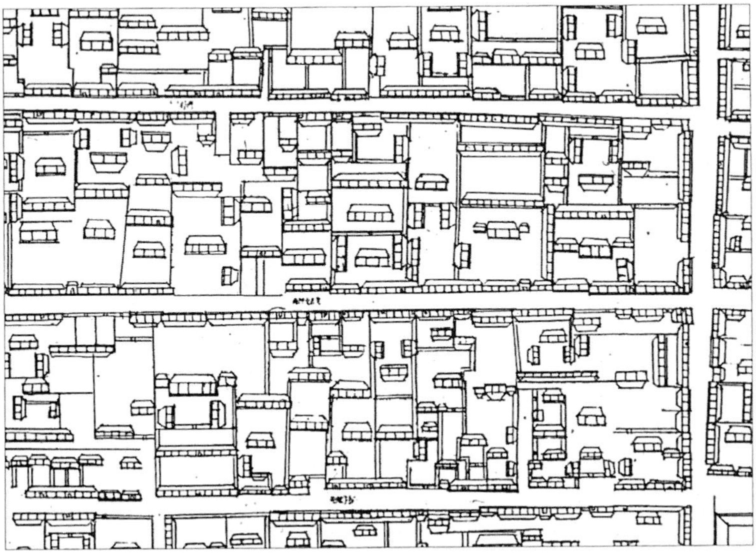

图122　意大利，庞贝。第15区平面。该城市毁于公元79年，刚好是中国东汉王朝建立的时期。（采自H. Eschebach）（上）。

图123　北京，清代城市东北部的居民住宅区（下）。

首先，在谈及中国传统住宅与古罗马住宅的相似之处时，首先要看到两者的差别之处同样是非常明显的。古罗马住宅称为domus，是一种严密的有机组织，庭院（atrium）是一个露天的中央大厅，入口（fauces）被布置在中轴线上，它的对面是过堂（tablinum，类似中国住宅的堂屋——译注），用象征的观点看，这里是最为显要的居家空间。而中国的四合院却是由若干独立房屋相互组合起来的群体，中央空间表现为一个宽敞的花园庭院，这种庭院比罗马庭院（atrium）更像是柱廊式内院（peristilium）。从外面进来的宅门一般不布置在中轴线上，也不正对着正房，而是在院墙的东南角上。假若宅门布置在中轴线的显要位置，这是用来强调住宅主人的地位和权势，因此，这种宅门的布置方式只限于达官贵人的宅第，例如皇帝、

图124 《钦定书经图说》，1905年出版。画中描绘了一个农村集市的场面。唐代以后的市场变成沿街布置店面。

王公和官吏。在中国，一般的平民可以住在带有庭院的住宅里，而在古罗马，平民大都住在路边房（insulae）里，这又是一个差别。尽管在当时两个帝国之间有贸易往来，但是两种文化之间几乎不可能有相互影响。影响两个帝国国民之间直接了解的主要原因不仅因为相距遥远，而是有帕尔特人（中国古代称之为安息人，为波斯化的斯基泰人，公元前225年至公元224年在波斯南部建立了强大的帝国——译注）的从中阻挠，因为他们占据了沿丝绸之路一带的战略要地，他们要保持着与东西方贸易的垄断优势。

但是，人们自然而然地要提问，为什么能够在两种住宅存在诸多形态差异的同时也能找到这些建筑在类型上的相似之处呢？而且这些相似之处又是毋庸置疑的呢？首要的原因是，古代庭院式住宅的设计并非罗马人或中国人所特有，而是因为这种住宅具有对外封闭的防御性质，几乎到处都被采用。决定性的原因还有，不论中国古代的家庭还是古罗马的家庭，都表现为一种自我为主的小社会，喜好自我封闭的小天地，这种生活方式在整个集体社会中占有一种份量，并且起到一种作用。实际上，这种住宅建立起来的社会基本单元，就像庭院式住宅通过形态重复而成为城市居住区的基本布局方式一样。此外，在中国与罗马的两种文化中，家庭生活被一个由严格等级制度造就的结构所统辖，以父系的某个人物为一家之长，譬如是家父或者一位年高的男性长辈。这种以错综复杂人际关系为基础来建立权威和规范的原则分别被古罗马住宅和中国四合院的秩序、对称和形式上的清规戒律表现得淋漓尽致。

公元前三四世纪的古罗马住宅忠实地反映了古代意大利家庭的体制，同样中国的四合院住宅也反映了古代中国家庭的体制。由住宅周边围合封闭、结构形式准确而重复、功能场所的固定秩序等特点而产生的住宅空间的不可改变性以明晰的建筑语言表达出了家庭制度的义务、规矩和尊严应具有的意义，使家庭制度在日常生活中有机会具体地表现出来。那个时代的意大利住宅是一个“……在具有结构功能的外壳中间包裹着的一个布局和形式具佳的等级空间，就象它所代表的传统关系的连接纽带，纯洁的外表只是复杂多样、秩序谨严的内部世界的躯壳，从这里面产生的习惯势力赋予了绝对明确的父权。”[6]

住宅类型的变化

时至公元前二世纪“……束缚个人的社会约束有所放松，

图125　公元前4——前3世纪的一栋意大利住宅的轴测图（上）。
图126　意大利，庞贝。Chirurgo住宅平面图，公元前4世纪（左上）。
图127　北京，中等官吏的住宅平面图（左下）。
图128　一栋典型的中国四合院轴测图（右下）。

个人有了更自由开放的新的私生活的可能，因此，反映个人选择的文化生活和空间不再可能在传统住宅的刻板和僵化的形式中去寻找……。”[7] 建筑的种类有了变化。新的贵族住宅往往这样组织：沿着古意大利庭院、抑或古希腊柱廊式内院的轴线顺次排列其他空间，使过堂担负起前后两部分空间的衔接作用。这个旨在加大住宅进深的扩展方式，即增长从对面的前院到街道这段区域的面积，是罗马（也包括中国）的绝大多数庭院式住宅所采用的，虽然这种方式不是惟一的。扩展也会沿着横轴（与正中的纵轴正交的走向）来加大住宅的临街面阔，采用的方式是增加新房屋或合并邻近已有的房屋。

这儿值得强调的是中国的四合院住宅采用了与古罗马住宅相同的扩展方式，也就是说，既加大住宅的进深也加大住宅的面阔。在中国，要想使住宅变得更大，要么增加两厢之间主要院子的数量，要么连接两个相邻的住宅。已有部分和扩展部分

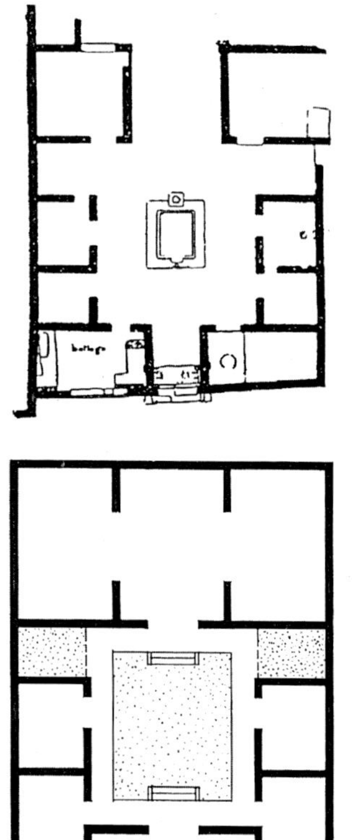

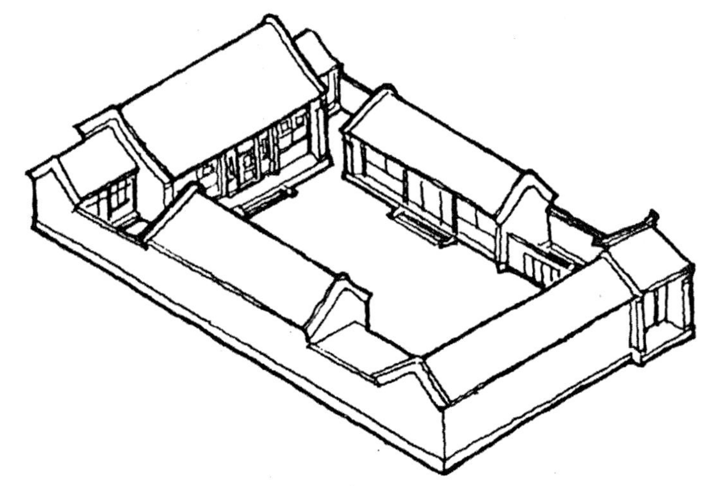

图129 北京，紫禁城。明代建造的一所皇家住宅的院落（上）。

图130 意大利，庞贝。Menandro住宅的中庭，该住宅建于公元前2世纪（下）。

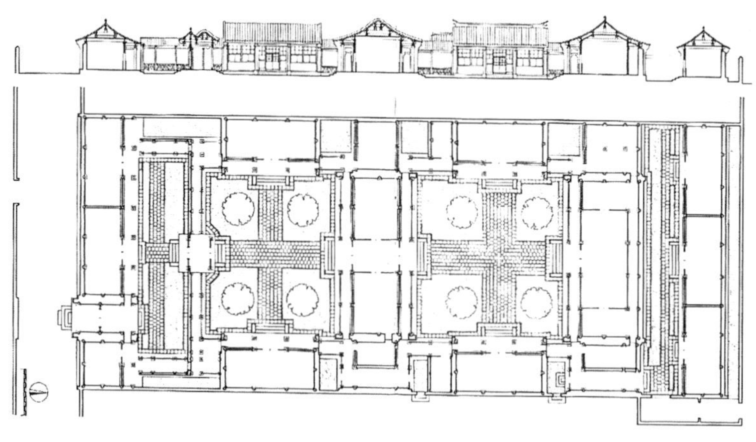

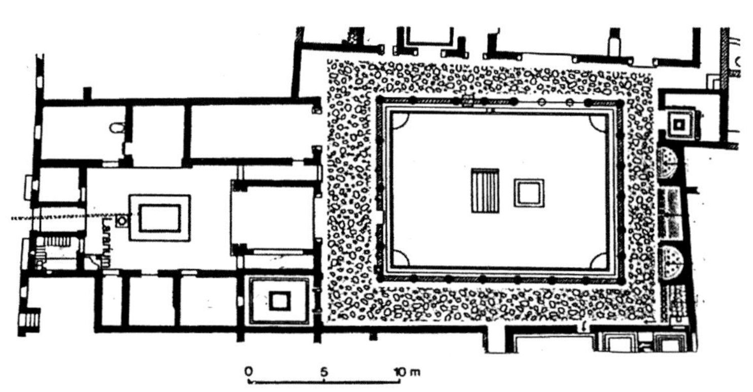

图131 北京，西四胡同一栋四合院的平面图。该四合院建于清代，中轴线部分今已改造（上）。
图132 意大利，庞贝。Menandro住宅的剖面图与平面图，该住宅建于公元前2世纪（下）。

都严格按照既定的格局布置，不外乎还是中轴对称、各类房间的形式以及严格的等次序列。而在古罗马，柱廊式庭院住宅若在其周围组织空间的话，明显特点是柱廊周围的房间可以自由布置，这些房间在形态表现上是自主的，因为房间的形式直接取决于用途，每个空间都必须满足用途的需要。古罗马住宅在这个部分的手法表现出与古老东方文化不同的个性自由原则，东方文化的传统以及一直延续到20世纪初的封建制度使得中国住宅在庭院设计上的手法古今一式，沿袭不改。

但是，为了适应社会和经济发展的新需要，不论是罗马还是中国，原本独门独户的庭院式住宅被充分利用向多元化发展，即由一家独居转向多家杂居。两个国家住宅的这种转变在时间上有很大的差异，罗马发生在两千多年前，中国发生在两百多年前。这个转变通过几个方式完成，一是把原来的独居住宅分化为若干更小的院子(例如把一座三进院子的罗马住宅或四合院分裂为每户拥有一个院子的三家居住)；一是在住宅的庭院内引进一条公用通道，一般位于中心位置，然后再利用原来的庭院空间扩建已有的房屋，这样就划分出若干个背靠围墙但又聚集在一起的独立居住单位。这个叫做住宅“岛屿化”的转变过程被卡尼加（G.Caniggia）进一步理论化，他通过分析当代意大利一些城市的住宅，追溯居住布局的形成过程来研究这一理论。主要的研究信息来源于已有房屋墙壁上的浮雕和壁画，通过房产资料和档案来追溯房屋的历史，以及对长期存在

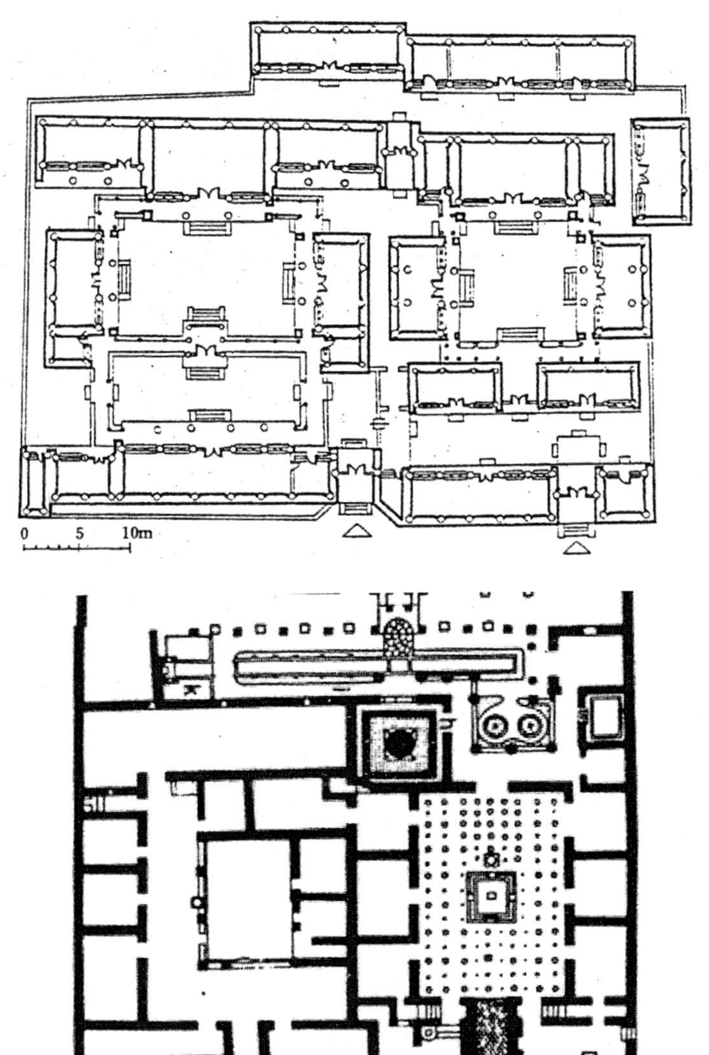

图133 北京，一栋宅基扩展后的四合院平面图（上）。
图134 意大利，庞贝。Octavius住宅平面图，该住宅建于公元前1世纪（下）。

方式的研究和类型分析。通过对中国住宅的研究，我们认为，卡尼加研究结论的客观证据在中国比在意大利更容易找到。在中国，至今还能看到对明清（公元1368 － 1911年）时期住宅原型加以"改造"和"岛屿化"所带来的支离破碎的居住布局。另外，还可以清晰地看到卡尼加所说的"店面化过程"，就是说住宅在临街一面开辟店面和进行交易活动，这种变化主要得益于这些背靠宅院的无窗墙排列成行。在中国城市里，这个过程开始的时间不是很早，至少是从唐代（公元618 － 907年）末年到20世纪的一千多年的时间。在此之前，中国的商业交易活动都是在封闭的院墙里面或在城市专门开辟的市场里面进行。正是沿街排列的商铺店面改变了城市街道与私家房宅相互排斥的关系，把公共通道变成了社会交易的场所，使得城市住宅的形态具有了一些连古代皇帝都不曾希望出现的特点。

图135 意大利，庞贝。Fauno住宅平面图，该住宅建于公元2世纪(上)。
图136 北京，可园，建于清代。北方住宅按照江南园林风格建造庭园，从平面布局和连贯的院落可以看出庭园向四合院靠近的变化过程(下)。

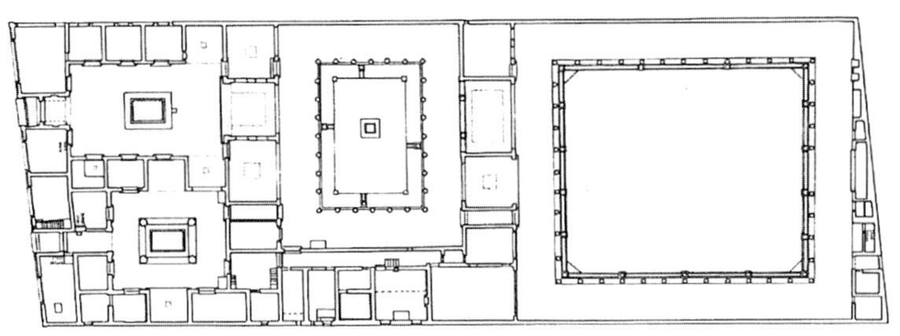

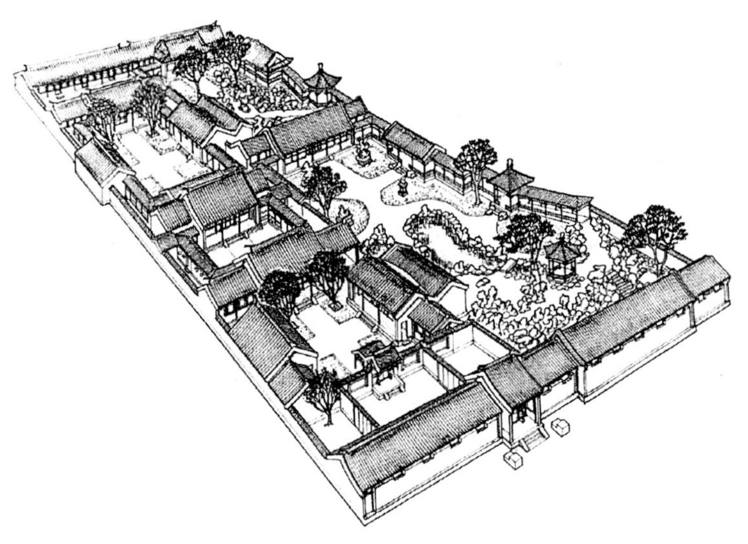

住宅类型的形成过程

根据逻辑推理，我们可以假设古代中国和古罗马的庭院式住宅在最初阶段都采用过相似的形成模式，这种形成模式就是把住宅的"基本细胞"变为"农家小院"，也就是把功能要求变为建筑形态。在这里我们只能进行这样的假设，因为关于这个问题的进一步讨论要涉及类型学的研究方法，类型学的研究方法主要是建立在逻辑推理上的，没有多少文献和考古资料来做为分析基础。后面提及的罗马住宅的形成过程都是一些考古学者的推测，在这里，四合院的形成过程却是一位做类型学研究的建筑师提出的。总之，关于四合院的形成过程不是仅仅依靠主观推测的，因为很容易从考古、图像、文学和陶器等史料中推理得到可以利用的信息，再把这些掌握的信息数据归纳整理出来。进一步讲，今天在中国中原地区我们还能看到一个挨一个的中国住宅从“初级院子”到“成熟院子”漫长演变过程中所展示的所有居住形态。其实这些住宅并不古老，而是当地农民遵照千年规矩新近建成的。他们对这些规矩深信不疑，一

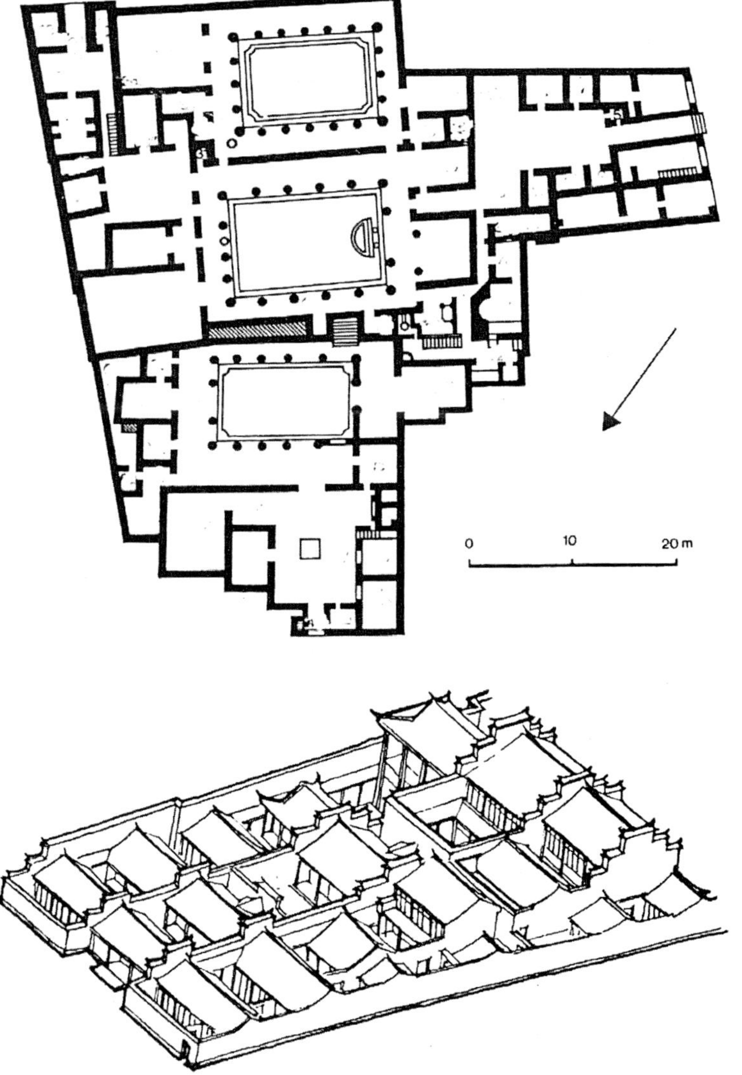

图 137 意大利，庞贝。Citarista 住宅平面图，该住宅建于公元 1 世纪，可以看出原来由两栋住宅合并为一的痕迹（上）。

图 138 中国北方住宅的合并形式（下）。

图139 意大利，公元2世纪住宅的透视图（右上）。

图140 G.Paroni，意大利住宅的复原想像透视图（左上）。

图141 G.Paroni，意大利住宅的复原想像平面图（左下）。

图142 意大利，公元2世纪住宅的平面图和外观透视图（右下）。

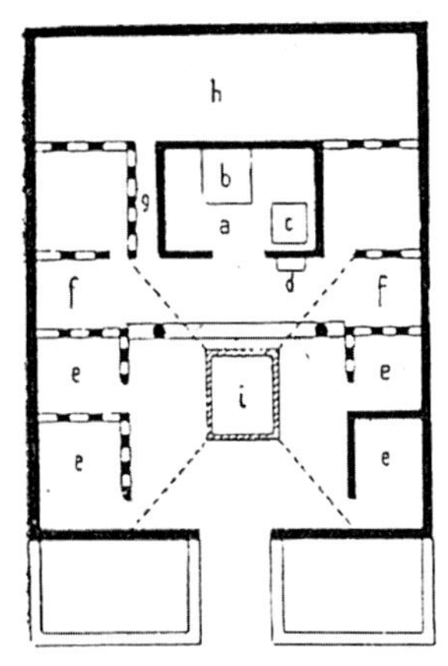

是因为他们没有任何其他住宅模式可供参考，二是因为在形成过程的各个阶段住宅的不同空间形式都能满足使用要求。

关于中国住宅的起源有一个令人启发的假设，按照这个假设的解释，它的起源是将地下庭院式住宅演变到地面上的过程，这种地下庭院式住宅就像今天仍有约四千万人居住的那种类型的建筑(指的是下沉式窑洞——译注)。这个解释一方面源于文学想像，以为中国的住宅建筑本以巢穴和岩洞为自然模

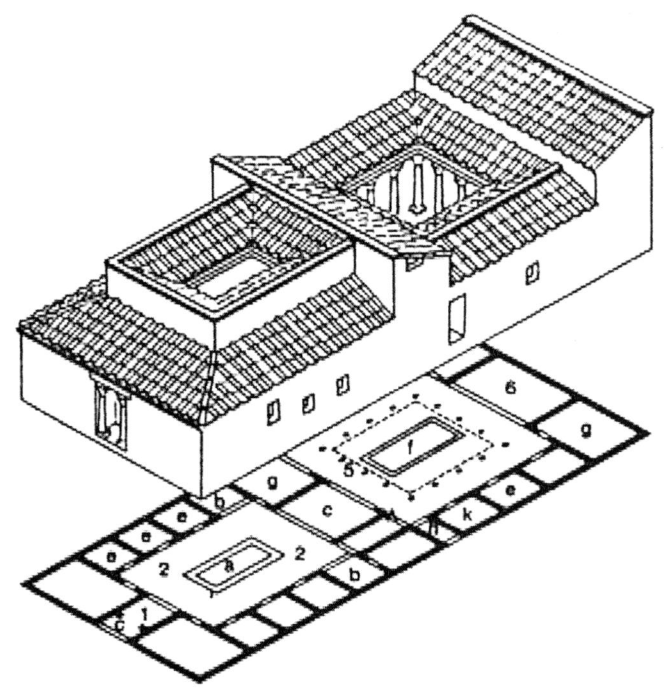

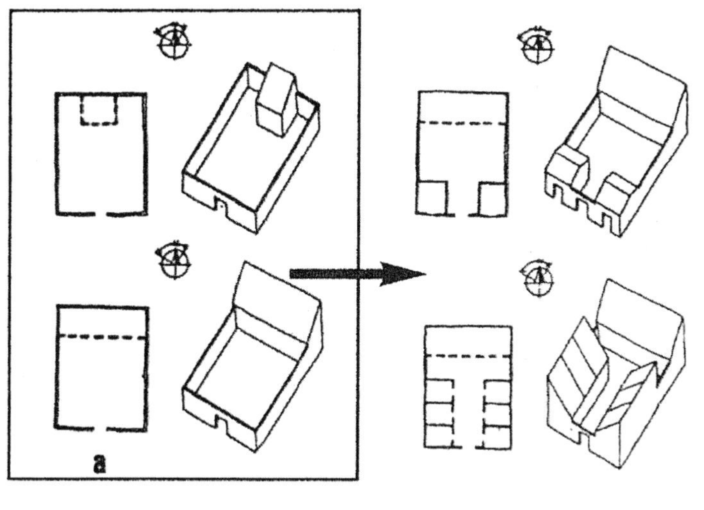

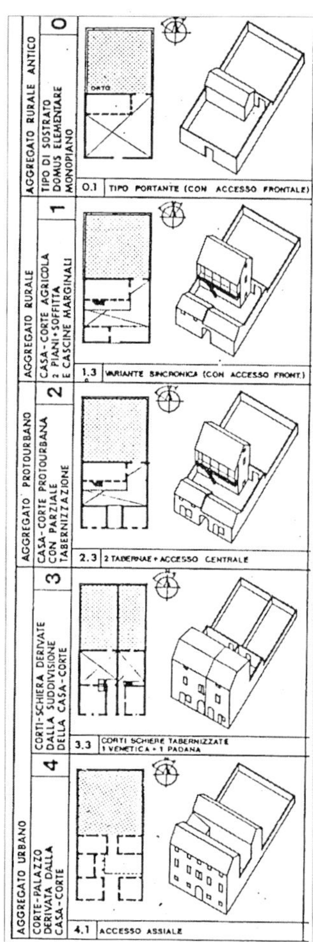

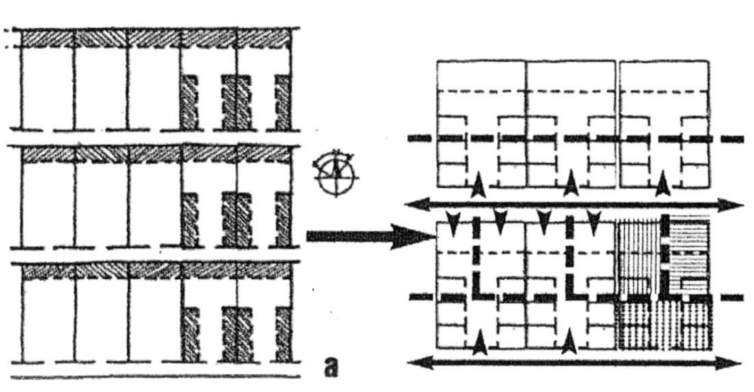

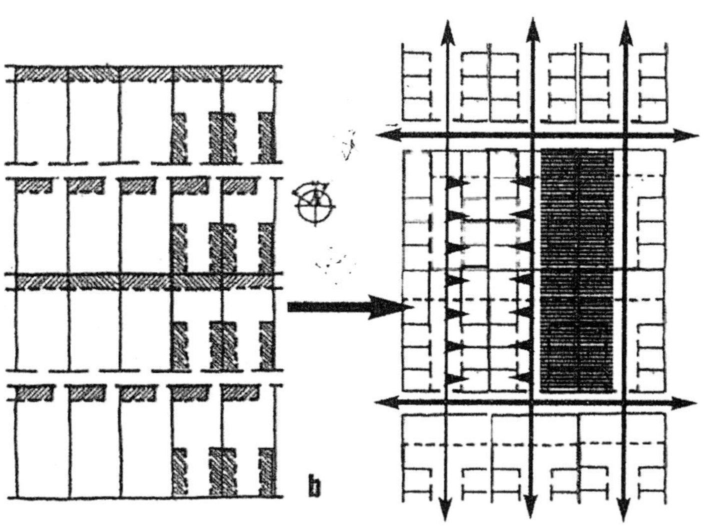

图143 G.Caniggia，带有一个南向入口的宅院的基本模式和演变形式(左上)。

图144 G.Caniggia，文佐那地区住宅的建筑基因和住宅的有机演变（右上)。

图145 G.Caniggia，住宅群落的变化，逐渐的分割使得院落越来越小，最终成为一个长条院落（左下)。

图146 山西，大同附近一栋三开间的农民住宅（上）。
图147 山西，大同附近的农民住宅，扩建出来的西厢房使得住宅成为“L”形（下）。

式；另一方面依据最近出土的新石器时期的村落遗址，这些考古资料似乎能够证明这个假设。例如西安的新石器时期的半坡村遗址(建于约公元前六千年)，它最古老的居住空间就建在地下，是一种深穴居的形式。尽管这个假设令人振奋，但是我们不认为它在技术上令人信服。因为新石器时期的住宅是建在村落壕沟或围墙内侧的小棚屋，没有那种采用墙体建造的房屋。此外，很难想像几千年前的原始庭院式住宅能达到现今下沉式窑洞住宅那样形式完善的程度。还有，这个假设无法解释今天仍在使用的某些居住布局的缘由。那么，我们更倾向于从另一视角和用另一种比较来推测中国住宅的形成和演进，即与古意大利住宅的形成过程进行类似的对比性假设(这里的古意大利住宅指的是亚平宁半岛的古代住宅，而前面提到的古罗马住宅指的是古罗马时期的住宅——译注)。

根据帕特罗尼（G.Patroni）关于古意大利住宅形成过程的假设，这种住宅的原型是古代农民的棚屋，只是一个面对打谷场的居住房屋。它的四周用高高的围墙环绕，在围墙上开辟一个正对着居室的入口。在以后的世纪里，随着生产活动和家庭需求的增长，又背靠着围墙扩建出更多的居室和附属的农用屋舍，它们都朝向打谷场的开阔场地并逐渐地充满打谷场的外围。在农村住宅城市化的进程中，那些附属的农用屋舍变成专供居住使用的空间[8]。在中国，直到今天那些最简陋的农村住宅仍然表现出“原始农舍”的样子，那是一堵用四边形的高墙围合成的一个房屋，它面对着院子，地处轴线的中央，面积只有一间那么大。惟一的区别是房屋背靠着围墙的北边，而且不正对着大门。而早期的模式是房屋位于院子中央，而且正对着大门。在住宅院子的敞露空间中，散乱地布置着茅厕、储物的棚屋以及饲养鸡、鸭、猪、羊等家畜的临时圈舍，这些简陋的附属设施一般都靠近围墙。

这就是建造在地面上的农村住宅的最古老的布局，这种住宅今天仍在使用着。由于讲求对称以及迷信的原因，这种独屋院落最初的扩展方式是在院子的东西两侧加建两个新房屋，形成了由正房和东西耳房三部分构成的矩形的住宅形制，这样的住宅就产生了一种线性扩展。另外，在总体布局上，长方形的正房或后房常常布满整个院子的北墙，形成今天在中国农业地区经常能看到的那种住宅布局。正房内部通常为三个部分，正面朝南，屋顶为两坡形，山花朝着东西方向。屋顶的南坡斜面比北坡斜面更长一些，形成较大的出檐。这种做法在夏季可以遮挡前檐玻璃窗，避免烈日曝晒，在冬季又不至于遮挡低矮的阳光。这个加长的出檐还保证了汇集在屋顶上的雨水能够很好地流到夯土地基以外的地方。房屋的入口布置在中央，而宅院的大门却布置在院墙的东南角。

后来，由于生产活动的增加，当然也根据安全条件的许可，人们开始把那些跟农事和饲养有关的活动从居住的地方搬迁出去。再者，随着家庭需求的提高和生产功能的专门化，人们认为有必要更合理地组织家务活动，把这些活动分散到更多的房屋里去进行。相对主体房屋而言，满足这些活动的扩展是纵深方向的：首先在院墙的西侧加建一栋新房屋，称为厢房，使住宅变成今天大量可见的那种“L”形。而后又可以在院墙的东侧加建另一栋新房屋，使住宅变成“U”形。一般来讲，第一次扩建的房屋是坐西朝东，原因很多。首先，这个朝向代表着生命。再者，在夏季的日子里，赶在大地被炙热的空气“烘

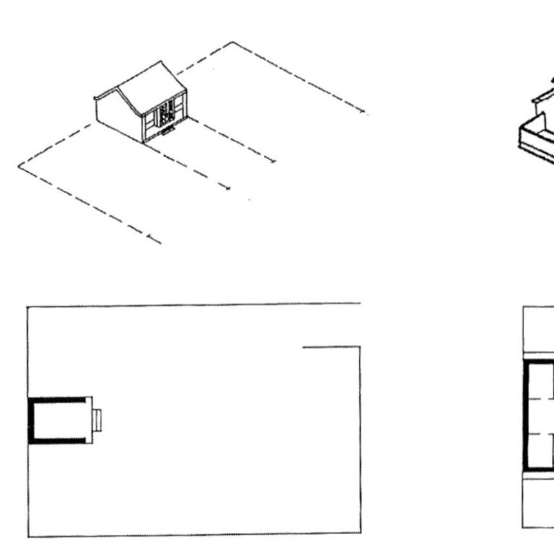

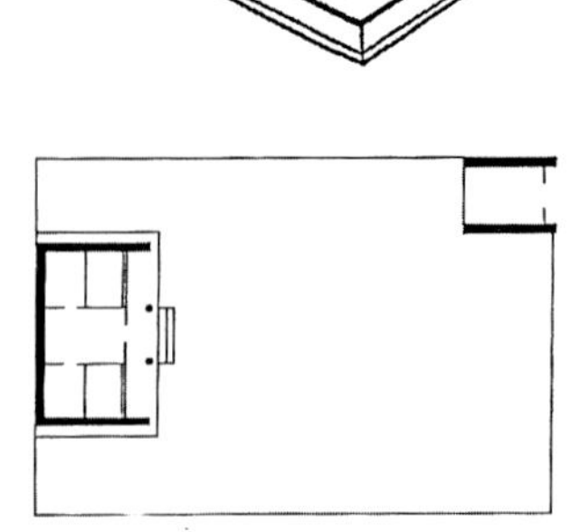

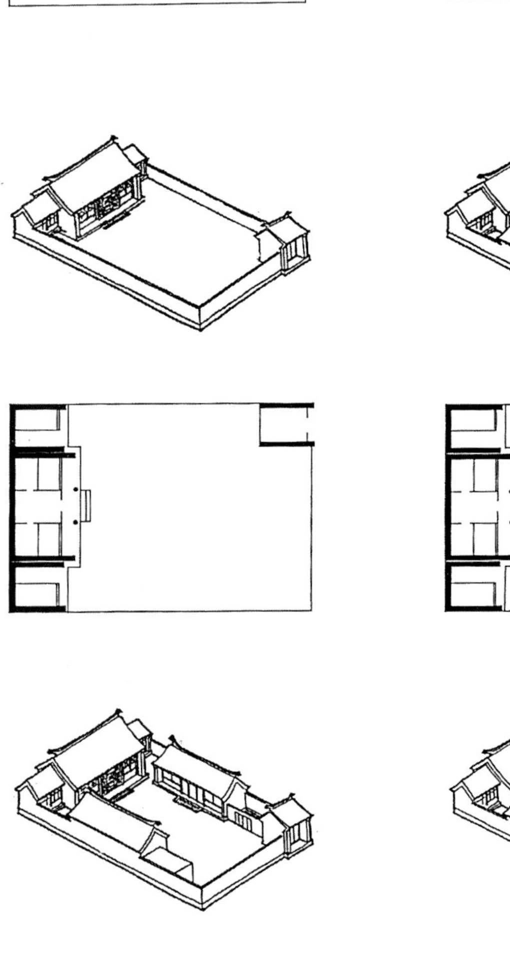

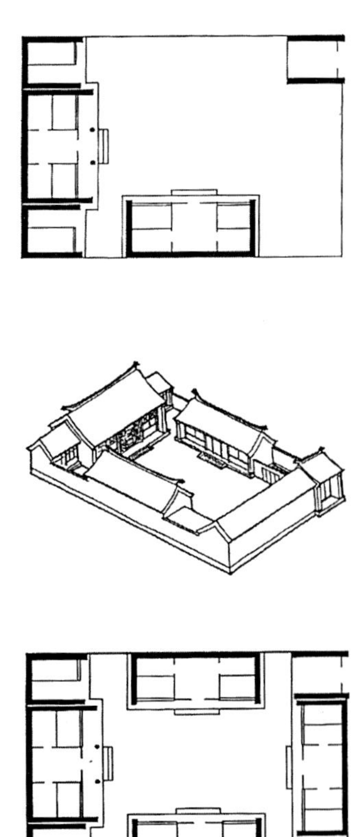

图148　四合院的形成，步骤一。建立一栋单间房屋，坐北朝南，四周建起围墙，东南角作为入口（上左）。

图149　四合院的形成，步骤二。以单间房屋为核心，增加左右开间，成为一栋典型的三开间房屋（上右）。

图150　四合院的形成，步骤三。再增加左右耳房，成为一栋三间正房加左右耳房的形式（中左）。

图151　四合院的形成，步骤四。随着人口的增加，在院墙西侧增建一栋厢房，坐西朝东，形成“L”布局（中右）。

图152　四合院的形成，步骤五。人口进一步增加，在院墙东侧增建一栋厢房，坐东朝西，形成“U”布局（下左）。

图153　四合院的形成，步骤六。进一步增建倒座房，坐南朝北，多不为居寝所用（下右）。

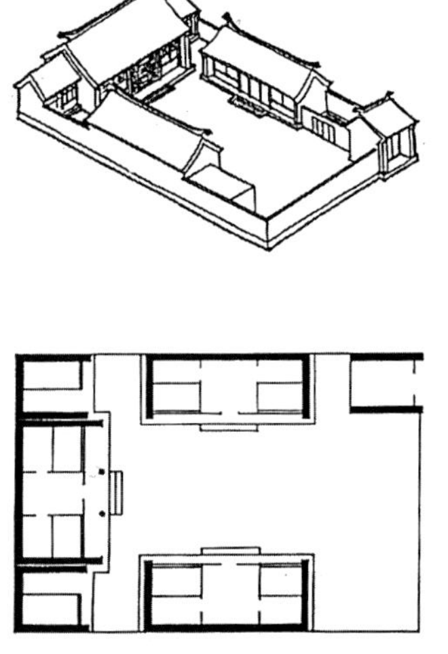

热”之前就先得到清晨的阳光；而在整个冬季，上午的阳光最是令人惬意。最后，对于安置在院墙东南角的大门而言这里也是最合理的位置。到了第二次扩建时房屋才会坐东朝西，只有在很少的情况下才会在院墙南侧扩建坐南朝北、面向不利方向的房屋，把整个住宅的院子完全围合起来，这种面向不利方向的房屋常被当作附属的农事用房。

在城市或重镇的都市构架逐渐巩固以后，农村住宅的形式进一步演化，直至成为“城市庭院式”住宅的特有形式。住宅院子的数量增加，并且体现出不同规模的功能等级。主人的院子最大，在这个院子里建造主人自己的房屋。然后沿中轴线建造仆役们的院子，以此来加大院子的进深。仆役们的院子最初是在院子前边，就像在住宅与城市之间加入的过渡空间，后来才在院子的后面扩建一个后院，厨房和仆役的房屋都朝向后

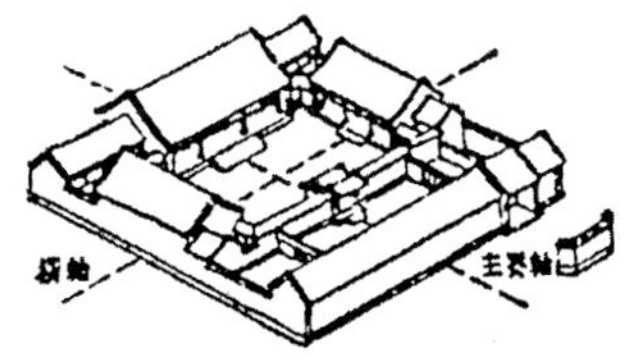

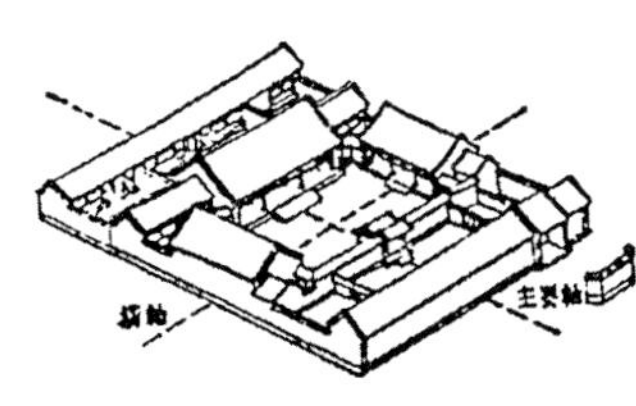

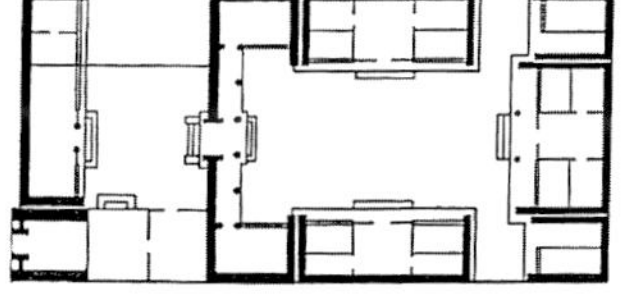

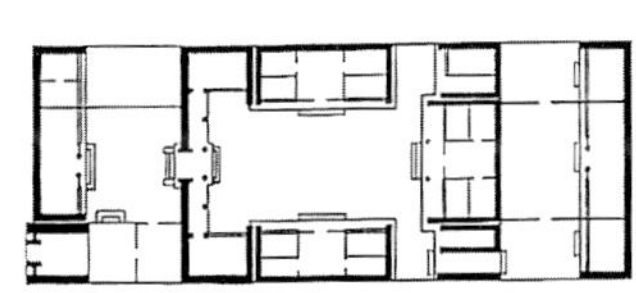

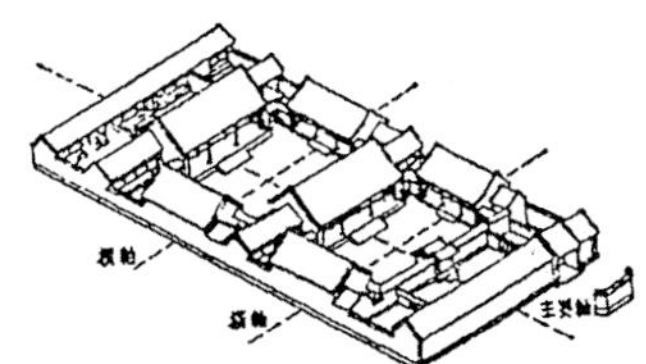

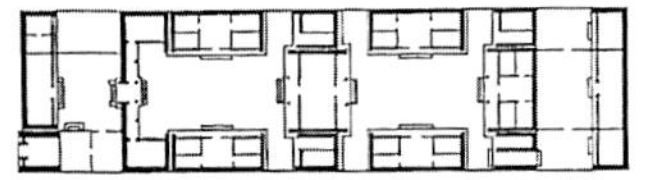

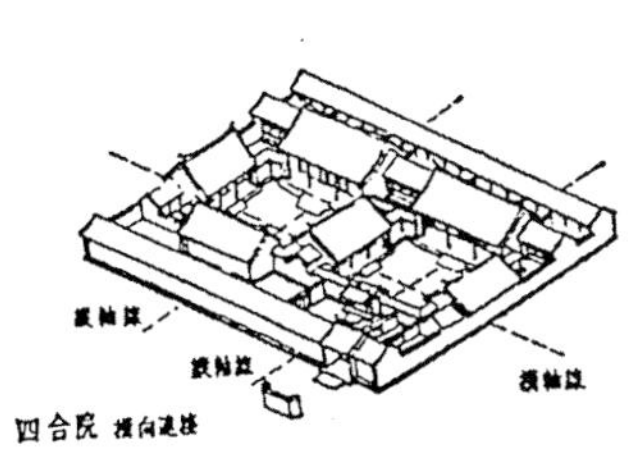

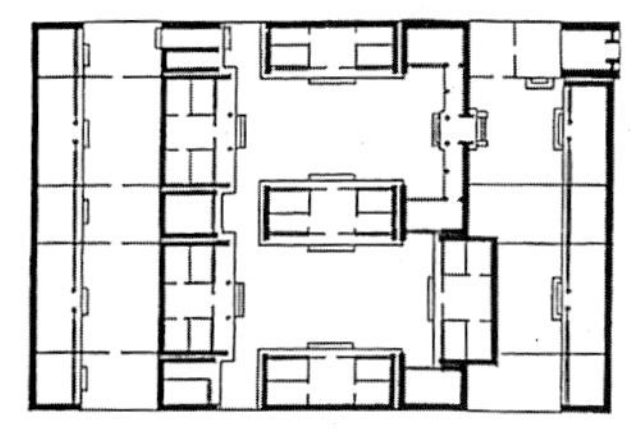

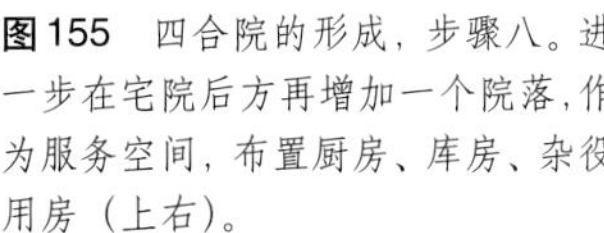

图154 四合院的形成，步骤七。在现有的宅院前方增加一个院落，作为辅助空间，也是城市街道与住宅之间的一个过渡（上左）。

图155 四合院的形成，步骤八。进一步在宅院后方再增加一个院落，作为服务空间，布置厨房、库房、杂役用房（上右）。

图156 四合院的形成，步骤九。再进一步扩张，沿着中轴线的进深方向增加一个院落，形成更长的轴线（下左）。

图157 四合院的形成，步骤十。假若再扩张，只好沿着中轴线的面宽方向增加一个院落，形成平行的轴线（下右）。

图158　北京，鼓楼下的一家四合院，分裂成更小院落的实例。

院。与早期的住宅形式相比，这种住宅采用了更为高级的空间与建筑的构思来绝对地遵守对称法则，农村住宅还是依稀地保留着这种挥之不去的建筑观念，住宅在类型和布局方面的特征绝对不变。

仅仅从我们西方人观察的角度看，等级制度、设计构思以及居中对称恰恰是宫殿和寺庙建筑的特征，并非普通的公共建筑的特征。在中国，一座宫殿可以是一所大房子；而在西方，建筑设计之初就要考虑各种空间的交换关系，串联布置的房屋与特殊要求的房屋之间的相互影响，最后只好走到各个房屋各自独立的地步。不仅如此，不同时代的住宅类型都有变化，自古罗马时期的住宅发展而来，从一户独居式住宅到多户杂居式住宅，从纵列式住宅到横排式住宅。在古罗马，城市环境的改善是以追求“不断变化”为特征的，这正是西方文化的特点。而中国文化的特点是保守和“亘古不变”。可是直至近代，这个特点却没有能够阻止中国文化吸收、交融和汉化外域的某些伟大思想，例如佛教和伊斯兰教的思想，特别是没有能够阻止住宅形式不断地适应和满足社会的需求，只是在最后的一个世纪停滞不前了。一些中国学者把中国未有文艺复兴现象的原因归咎于中国文化在近代对消化西方先进技术表现出的无能，进而影响到对传统建筑的改造。而西方学者却倾向于把它归咎于更早的明朝（公元1368－1644年），尽管明朝至今仍是中国学者引以为荣的时代。那时期，程朱理学的复辟就已经开始阻滞了社会的进化过程，扼杀了一系列使中国科学和技术领先于西方的可能性。

图159 北京，鼓楼下的一家四合院，原来一户人家居住的院子现在变成多户人家居住的大杂院。

图160 清代绘制的孔子（公元前551—前479年）石刻画像，原画据说出自唐代著名画家吴道子的手笔。

生活之家

象征与功能

尽管住宅选择的最终动机应当从实用方面去寻找，但是作为一个中国对话者，为了揭示传统住宅形式经世不变的原因，他很可能首先会从习惯方面提出理由，也可能会强调象征意义以及住宅方位等民间迷信的理由。在中国，一旦形成了约定俗成的习惯，就会从象征和礼仪方面产生掩饰功能作用的诠释。

在构成长方形住宅的正房、东西耳房三部分的认识程度上也有约定俗成的习惯。首要，最具有象征价值的部分是中央，然

图161 敦煌，千佛洞。隋唐时期壁画中的飞天形象。

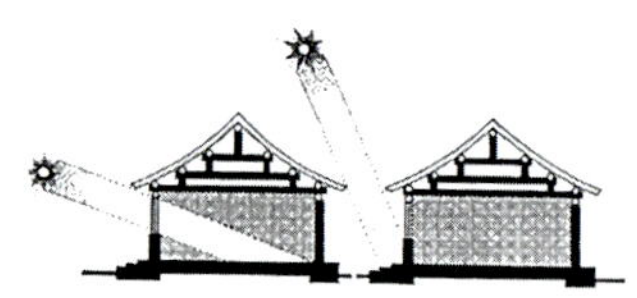

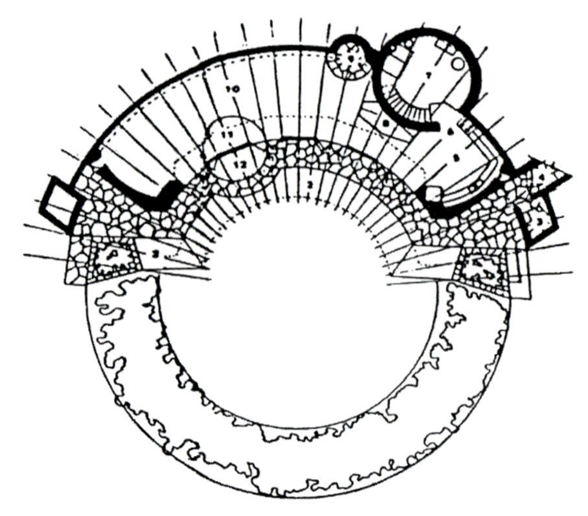

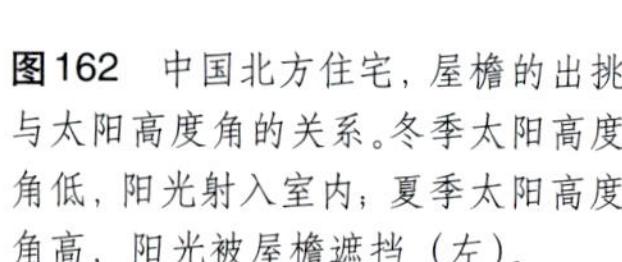

图162 中国北方住宅，屋檐的出挑与太阳高度角的关系。冬季太阳高度角低，阳光射入室内；夏季太阳高度角高，阳光被屋檐遮挡（左）。

图163 赖特设计的雅各布斯住宅(1943年)，位于美国威斯康星州的米德尔顿，平面和照片。注意北侧的人工坎墙，用来遮挡北风（右）。

后是东耳房的地位重于西耳房。口语上也常用“一明两暗”来形容住宅的类似布局。公众文化就是这样青睐现实中的象征形式而不论其客观表现。并非中间房屋就比其他房屋更明亮，只是从象征的观念上看似更加重要罢了。因为中间房屋常作为举行婚庆、丧礼、祈祝活动的礼仪祭拜场所，它象征着家庭的团圆。因为这里并不是每日起居活动的地方，所以也存放农具和摆放煤炉。家庭生活在另外两个房间进行，东耳房作用最大，虽然形式上与西耳房一模一样，实际上它是家庭生活的中心。这间房屋是家庭年长者的卧室。由于长期有人居住使用，所有家庭的贵重物品都存放在这里。位于相反方向的西耳房是家庭其他成员居住的地方，甚至可以是已婚的儿子、儿媳和孙子，并且经常用作存放粮食的库房。

长方形住宅的扩建始于坐西向东的厢房也具有明显的象征意义，东方是太阳升起的地方，代表生命之初始。从这一点我们已经很容易地找出了这种扩建方式的明显的实际理由。此外，接通宅院和外部街道的大门开在院墙的东南角，即位于住宅两个最重要边界的结合点上。为什么中国人要赋予基本方位（意大利人认为端正的东南西北为基本方位——译注）如此重要的意义呢？这一切都与太阳的象征价值有关，太阳因其具有温暖、光明和运动的性质而象征着生命或生长。因此，朝南的方向——这个惟一永远向阳的方向——代表着力量；而相反的朝北方向，代表着死亡，因为鬼魅来自于这个方向。在中国文化里，“鬼”这个词也与西方文化的意义有区别，因为它的意义是一种与抽象思维无关的文化表现，也就是说，精神的理念并非与物质的理念相对应。灵魂的概念不一定带有神圣的含义，灵魂具有多重属性，部分属于天，部分属于地。人活着的时候，躯体里面包含了多种灵魂，一旦人死了以后，属于大地的具体的灵魂留在尸体里，而属于上天的游荡的灵魂却重返天堂。

中国农民的“向阳之家”

在这个与我们西方文化如此不同的社会背景下，中国文化中的精神概念常常指的是更为具体、与日常生活更密切联系的东西，表达那种能从好坏两方面对人体健康产生影响的外部因素。在中国文化中，认为气（flusso vitale，直译为生命的流体——译注）是流动的，充斥于物质世界和精神世界中，乃至于宇宙间的一切都存在着气。哪怕最微小的人为改造都能扰乱物

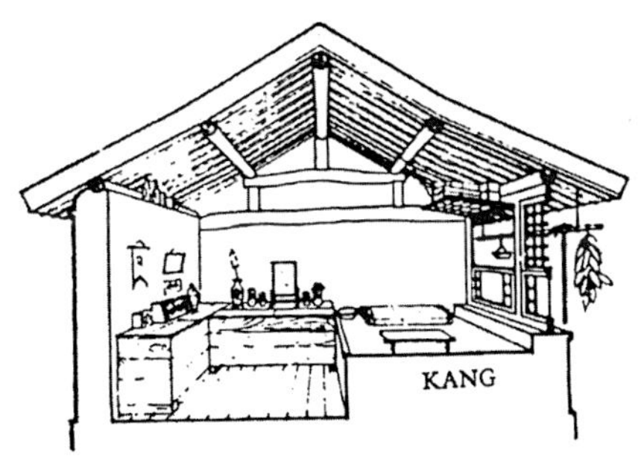

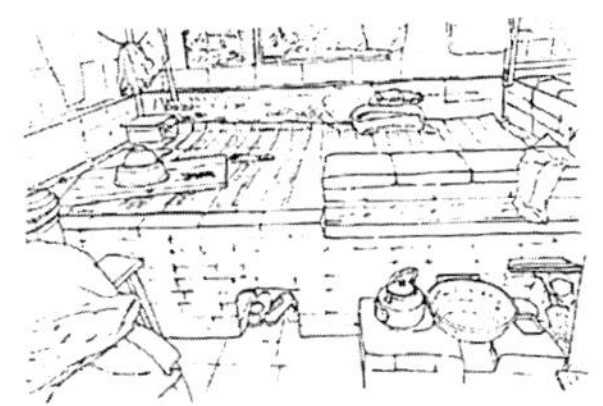

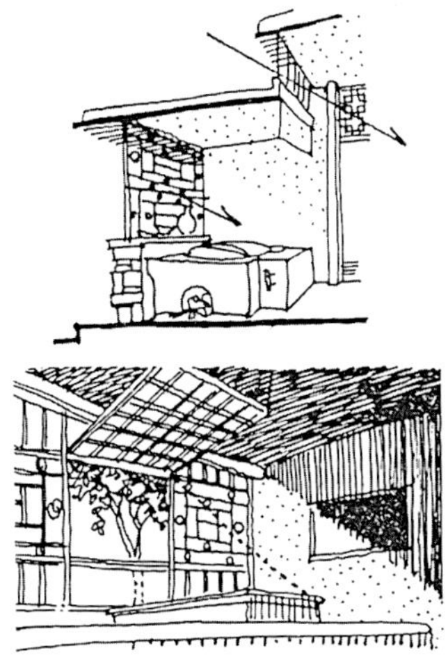

图164　北方地区四合院。三开间正房的内景图，两侧房间用隔墙分隔，靠近隔墙处为炕，两个炉灶分别用来做饭和取暖。房屋采用抬梁式结构（左）。

图165　北方地区四合院，炕分别利用外部射入的阳光和炉灶通过的烟气来加热，这里可以进行几乎所有的日常家务活动，例如吃饭、睡觉、会客等（右）。

体内部的平衡，导致不祥的后果或者使生活不甚顺利。上千年来中国人一直在研究对大地与环境进行人为改造时所需要的正确关系，尽管这种研究被迷信和礼仪色彩所掩饰，实际上却是一种实验性和实践性的探索，目的是要发现如何最大限度地利用周围环境的有利因素，探索出一种更为舒适的设计方案。特别试图利用太阳能源或其他自然能源，为一栋建筑或一个地区的居民获得健康的生活条件。这样看来，指导中国人进行住宅选择的恒定的文化因素不是源自于哲学或文学，而是源自于针对具体现实得到的观察结果。这种研究还引出了建筑类型的划分方法，若参照西方文化关于新词派生的最新方法，我们可将这种建筑定义为完美的“被动建筑”。中国传统建筑有着最大

限度的隔热和最小限度的散热性能，房屋的三个面采用隔热的墙壁来围合，墙壁一般用夯土筑成，或用黏土混合麦秸制成的砖坯来砌成，具有很好的隔热效果。三面墙壁的北墙面砌筑得最为厚实，这是为了抵御冬季从西北方向不断吹来的冷风以及它所带来的沙尘。

为了在冬季能够充分利用太阳来取暖，朝南的那面墙全部采用玻璃窗，以期最大限度地利用这个朝向的阳光照晒，同时，大面积的玻璃窗造成了最佳的“温室效应”，很好地蓄纳了阳光带来的温暖。在夏季，为了阻挡烈日的曝晒进入屋内，大窗户前面有柱廊或出檐遮挡。由于太阳在不同季节里的照射高度角有变化，柱廊或出檐的进深根据当地的纬度来决定。通过计算可以得出这样的结果：在接近冬至日的几周里，当太阳在中午处于地平线很低的位置时，阳光通过宽阔的玻璃窗的正面射入室内；而在夏至日的前后，当太阳照射高度角增大时，房屋顶部突出的柱廊或出檐能将炽热的阳光挡住，阻止其照射到房屋里面。

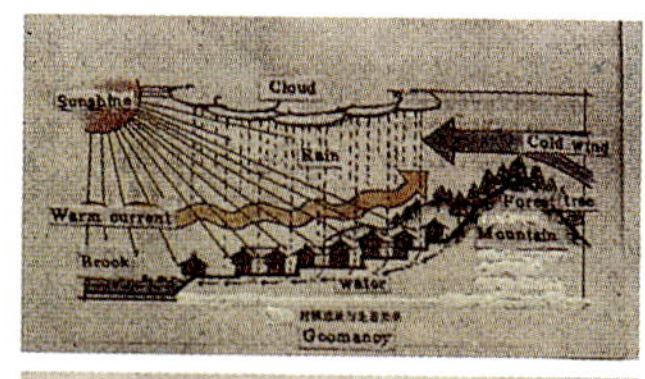

图166　风水图释，描绘了人类聚居地与自然因素的关系，以及理想聚居地的山水环境（左）。

图167　取自古籍的“阳气上升图”，图中描绘了风水学说的基本概念以及阴阳二气的交互作用（右）。

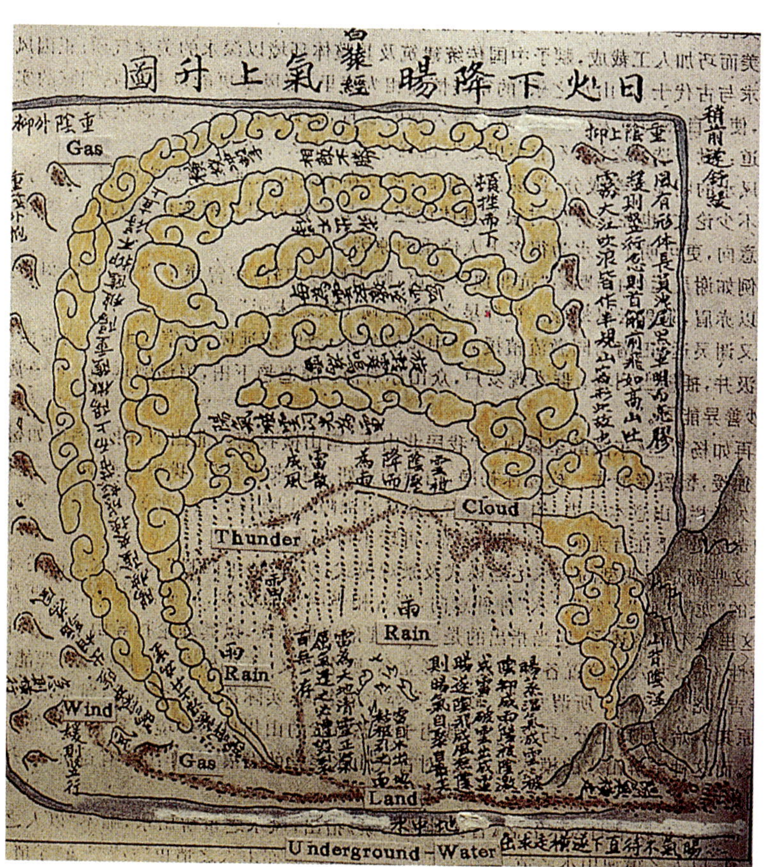

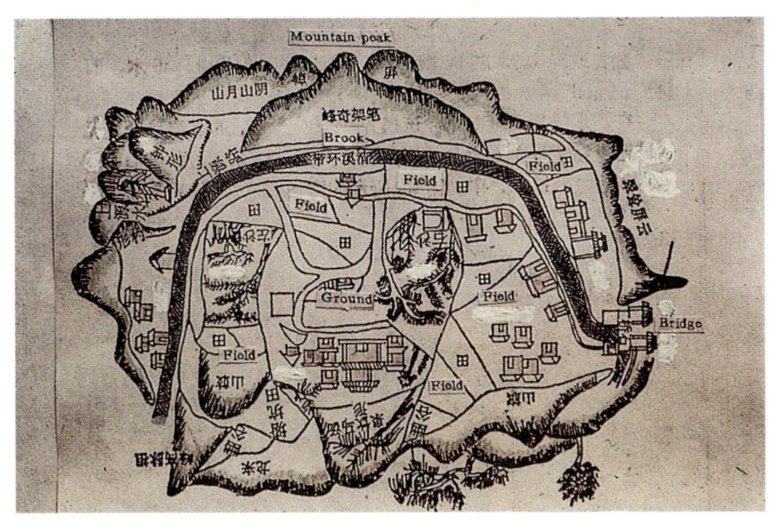

1943年，弗兰克·赖特（Frank L. Wright）在美国威斯康星州的米德尔顿建造雅科布斯住宅（Jacobs house）时，把周围环境作为构思建筑形式的基本因素，他以中国住宅普通的布局手法设计了这栋住宅，并称其为“向阳之家”。这个建筑就像中国的农村住宅一样，窄长的平面，惟一的玻璃窗朝向南方，其他各面用厚实的墙壁围合起来。住宅的北面扎一道防风篱笆来遮挡冬季的寒风，南面树起一个屏障来遮挡夏季的阳光。尽管它的形状是圆的，同样也围合出一个类似庭院式住宅的界定空间。

不论是中国住宅还是美国住宅，它们的形式特点都取决于冬季寒冷的北风和夏季酷热的阳光这样的气候条件。但是在中国，建筑的成就经历几千年举国上下不断实验的结果以及手工

图168 陕西，方氏村落的风水形势图。村庄山峦围抱，河水屈曲环流，形成山环水绕的自然环境（左上）。

图169 福建，王氏村落的风水形势图。村庄坐落在山坳中，河水自北向南分两支流入村内，祖祠前面是池塘，形成村子的居住中心（左下）。

图170 福建，福州城风水形势图。城的东、西、北皆有山峦环抱，城的东、西、南皆有河水流经，南城门侧有二山，如青龙白虎守卫左右，山上建有两座风水塔（右下）。

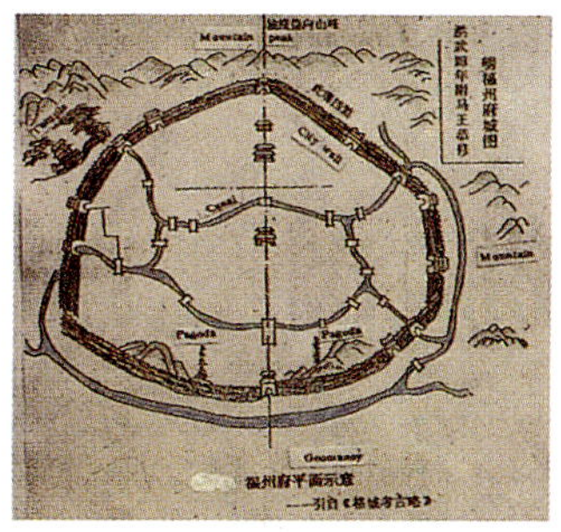

业文化的产物；而雅科布斯住宅则是一位受过贵族式教育且修养颇深的建筑师的设计意识的结果，这也是东方思想和西方思想之间存在差异的证明。

在中国传统住宅里，不仅一般的建筑布局考虑到充分利用太阳能，就连那些我们称之为固定的室内家具也尽量利用自然能源。北方的住宅，特别是紧靠正房的两个耳房的大部分室内空间都被一个大炕占据了。炕是一座高度平膝的砖砌平台，一个特殊的取暖工具，宽能容一人躺下，长与耳房的宽度相等，紧挨着靠窗的墙壁。炕上是房屋中最明亮的部分，而且冬暖夏凉，在炕上可以进行主要的家庭活动，如睡觉、进餐、休息、缝纫等。炕多由黏土砖坯砌成，炕面下面砌有空腔作为烟道，隔壁正房炉灶做饭时的热烟气通过炕面下的烟道排至烟囱。冬季炕面成了温热的表面，散发着人为加热煤炭所产生的热量，也散发着通过玻璃窗进入室内的阳光所产生的自然热量。由于炕面高出室内地面，而且靠近窗户，室外有柱廊遮阳，因此它也是夏季家中最适宜生活的部分，因为这里通风顺畅，凉爽宜人。

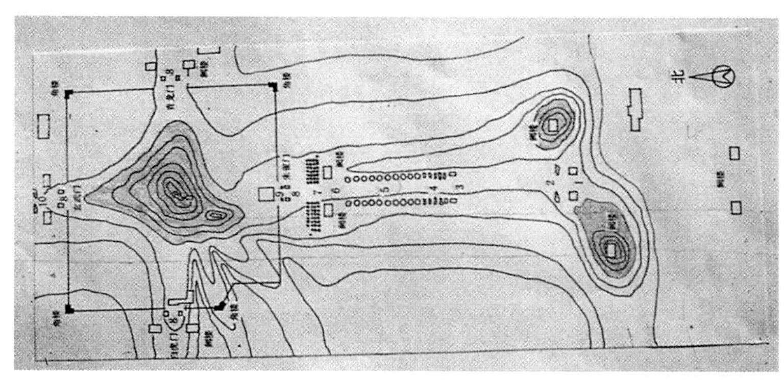

图171 安徽，寺庙的布局也遵从聚居地的风水要求（左）。

图172 陕西，乾陵风水形势图。乾陵为武则天和唐高宗李治的合葬陵，坐落在梁山的主峰上，因山为陵，陵前神道笔直向南，两侧有两座小山峰，形如门阙，成青龙白虎之态，左右翼护，风水形势堪称佳绝（右）。

人之宅

《宅经》是中国古代一本关于风水的经典著作。这本书把住宅与人的命运紧密联系起来，强调住宅对人的重要作用，并把它视为人生在世生活的第一要素。在我们西方人看来，中国人的家（casa）和宅（dimora）不是同义词，其实不然。《宅经》有一段据说引自更古老的《宅书》中的话，说明风水是指人类聚居的整个环境中所包括全部必要成分，它包括人为成分，更加包括人所依赖的自然成分。住宅本身只是居住环境的一个部分，一个庇护体，就像施用于身的衣服、帽子和腰带一样。人类聚居的安全首先来自大地的形态、水源的状况、土壤的特性以及植物的范围和性质……，一句话，来自于自然环境的各种因素，因为中国传统文化发展的自然观念和环境观念是典型的农业民族和农民社会的观念。这样，风水这个用来为人类与大自然和谐相处选择聚居地方的理论与实践的集成一旦剥离了历朝历代附加的神秘与迷信的色彩后，它就会显露出一个以地理知识和特殊实例为基础的学科真容。

在中国，营造也是生命进程的组成部分，因而也会出现诞生和死亡。中国文化认为造物是整个生命系统的一个部分，在同一个宇宙里面，天、地、人之间是相互联系的。风水学说中的神秘生态观认为人与自然环境之间存在着一种和谐关系，应

图 173 《钦定书经图说》，1905 年出版。风水师和助手在夏至日里测量日影，准备动土事宜。

图174 窗棂雕刻细部。青松、仙鹤和磐石象征着长寿，也由有接采用汉字福、禄、寿作为装饰图案的，表示一种长寿和富贵的希望。（采自R.G. Knapp）（右上）。

图175 山西，某农宅。宅门上悬挂一面镜子，安装三把戟枪，据说可以驱魔避邪（右下）。

该把人的自然本质与宇宙呼吸吐纳的气协调起来。气就是一种生命力量，它能给动物和植物以生命，它能使山峦化育成形，它能使水脉通流大地。总而言之，气能使万物生机勃发，繁荣昌盛。气若盈溢，则火山喷发、江河决岸；气若缺乏，则草木枯萎、大地荒芜；气若适中，则天色清新、空气舒爽、土地肥沃，水流清澈……。与天地之道和谐相处的人们将是最为吉利的，最能够集聚自然之气。气在宇宙中按照消长交替的规律运行着，这种周而复始运行的动力来自于一对永远互补的宇宙力量——阳和阴，前者为正，后者为负。阳和阴不是对立的两个力，而是互补的两个力；进一步讲，就是一个力的内部包含着另一个力的实质，两个力在一个循环往复的运动中不断地向对方转化。这种运动是循环往复的，无始无终的。因为在中国文

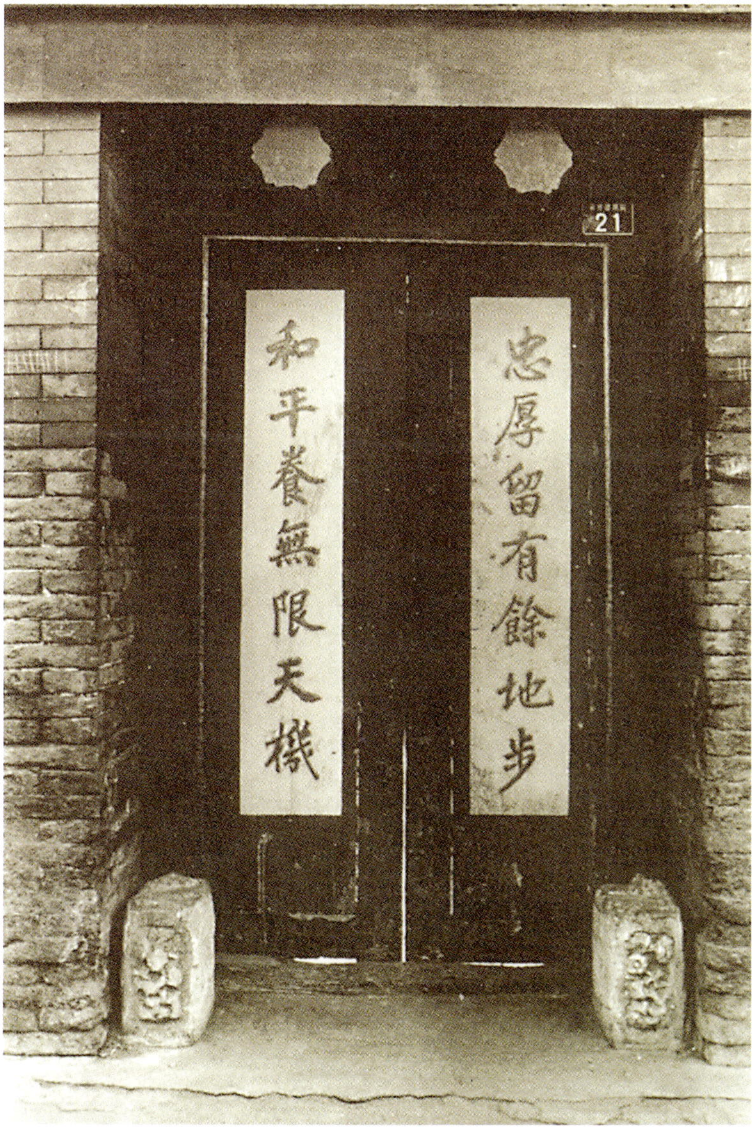

图176 北京，某宅门上的门簪，上面刻有汉字“吉祥”（上）。
图177 北京，某宅门上的对联（下）。

化里，即便是科学文化，也不存在着这样一种因果原则：那就是通过一种单一的或必然的方式、再借助于逻辑的或线性的一系列中间环节的推导、就能够把两个极端的事物联系起来。中国人的完整与复杂的伦理观念对立于基督教世界的完美和纯净的伦理观念。

虽然这种永不停歇的宇宙流（flusso cosmico）隐藏着人类的命运，但是并不影响选择聚居地的个性化，这种个性化甚至于表现在某种运动状态下针对特定时间和特定人物所作出最佳的选择。这种可能性源自于一种根深蒂固的信念，这种信念认为所有的活动（包括运气，甚至是单独个体的运气）都与组成自然万物的五行（金、木、水、火、土）有关。假若把五行联系于东、西、南、北、中的五个正方向，中为罗盘上的第五点，就能找出某人待建住宅的正确方位以及必要的释义，使住宅获得有益的正气而排斥有害的邪气。这种针对方位进一步的解释意义随着时间的推移逐渐形成了一系列非常严格的信念约束，特别是汉代（公元前206—公元220年）以后，这种信念约束发展成为一种迷信方式被盲目地奉行了两千多年。迷信产生于对风水的某些玄奥原理的歪曲理解，直到今天，这种迷信都在深刻地影响着中国城市居住区的规划设计。

每个民族都会根据自己国家自然地理的特点以及民族历史和文化的差异，总结出选择聚居地的行之有效的实践经验。在中国，这些实践经验具有制度体系的特点，这个制度体系所涉及的内容广泛驳杂、结构严谨。在相当长的时间里，这个制度体系在决定建筑的特点方面起着极其重要的作用。实际上，文化对环境的选择和建筑的影响由来已久，并且至今未曾消亡。见诸于周朝（公元前12世纪—前3世纪）文献记载的一些制度，今天仍能见到它的影响，不仅在广大的农村，甚至在科技成就发达的香港，某家重要银行董事长也要咨询风水先生来决定写字台摆放的正确位置。

风水学说不但是场地选择的一种指导方法，也是场地设计的一种理念框架。确实，人类为了保证能够在生疏的自然环境下生存，就会随着时间的推进而获得许多生存经验，一旦这些经验被记忆、优化和定格，就能够促使人们勾画出一个适宜人类生活的理想的环境模式。如果某地区没有符合风水理论标准的自然场地，可以全部或部分地人为改造自然场地的环境。实际上，现实的自然场地难免会有缺陷，不尽符合理想场地的环境标准，那么就必须施行人为介入的手段来使其接近理想场地的环境。通过鼓励人们对聚居地进行人为的改良设计，风水学说在促进环境设计上确实比我们西方人早了近千年，但是从结果看并没有太大的成就。

神秘生态学不仅把某个场地的地貌特征、形态结构以及宇宙影响与人类居住的一般需求联系起来，而且与个人建造房屋的特殊需求联系起来，由此得出人之所需的反映在时间上和空间上的个性化设计。在中国也是如此，房主会根据某种现存的条件来考虑建筑的使用期限；譬如一个王朝统治者在位的时间，或者一个居住者一生的时间。这与我们西方的情况刚好相反，在这里，不论是宫殿还是庙宇，没有一座建筑不被设计成为权力与财富永久见证的永恒的纪念性建筑。15世纪的明代作家计成（亦为造园理论家，著有《园冶》一书，为我国造园名著之一——译注）在“景园建筑”中论述了这种建筑暂时性的实质为“......造出与你生命一样长的环境就足够了，别把你的环境强加给子孙，没准他们不喜欢。”

玄奥的营造

住宅与宇宙力或自然力之间存在着一种和谐关系，因此，在指导正确选择住宅的有些动机上明显带有神秘性质，同时，在指导建筑营造和其他建造活动的规章制度上也包含有巫术成分。

为了不扰乱宇宙的和谐，应该在建造住宅时很好地考虑如何疏导建造活动释放出的能量，达到吸收有利能量和隔绝不利能量的目的。在协调宇宙空间与个人经历（譬如生日、职业、个人履历等）这项困难工作中，风水先生不仅依赖一系列仪式和手段，还要参阅《通史》、《全书》、《黄历》等书籍。特别在《黄历》中，还详细注明主要建筑工作的吉日，例如开工、平地、立柱、上梁、放脊，以及安装门窗，起垒炉灶等。建筑承重结构的开工和竣工是两个特别谨慎的环节：即平整场地和安放脊檩。平整场地可能会惊扰地神——土地公，导致邪气作祟。因此必须安慰土地公，给它奉献水果、香火、朱砂等祭品。更为重要的是，仪式之前先要在地上放置一口碗，碗里盛有写着神秘文字的四帖护符，分别对准东、南、西、北四个方向。安放脊檩是建筑工作的结束，所以应当选择在星象和气候均为有利的时候来做，例如满月或涨潮的时候；反之，在暴雨中安装脊檩可能导致永久的恶劣影响。最后，为了避邪镇灾，必须在脊檩上挂上一块红布条，它是一种避邪物，将为入住这座房屋的主人带来好运和幸福：

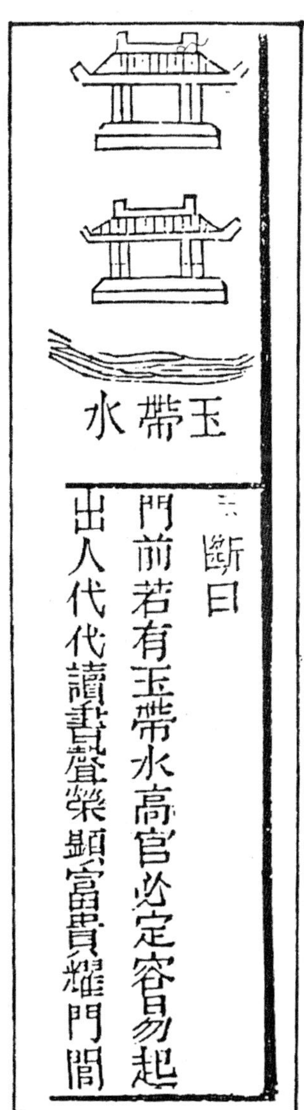

图178 清代《鲁班经》的一幅插图，图中解说住宅风水与宅主命运的关系。（采自 R.G.Knapp）

人的命运和建筑物之间的相互作用并不结束于建造活动的完成，也不局限于人与神或人与自然力的关系，而是在此之后持续发挥着作用，甚至还牵扯到房主与受雇工匠之间的关系。建造活动就好象自己本身也具有生命力一样，人应该很好地与之配合。15世纪木匠和泥瓦匠使用的《鲁班经》是建筑营造的规范，其中就包括雇主表现好坏可能带来好运或厄运的内容。根据建筑工地指挥者的意愿，一所房屋在其整个使用期间都会给居住者带来好运或厄运，而房主却不可能确切地知道他的灾祸来自何处。实际上，工匠们早把祝福好雇主，诅咒坏雇主的符帖或镇物安放在建筑结构的各个隐蔽处，藏在房主不易觉察到的地方。当然，房主为了消灾免祸，也会在房屋里放置许多避邪物。

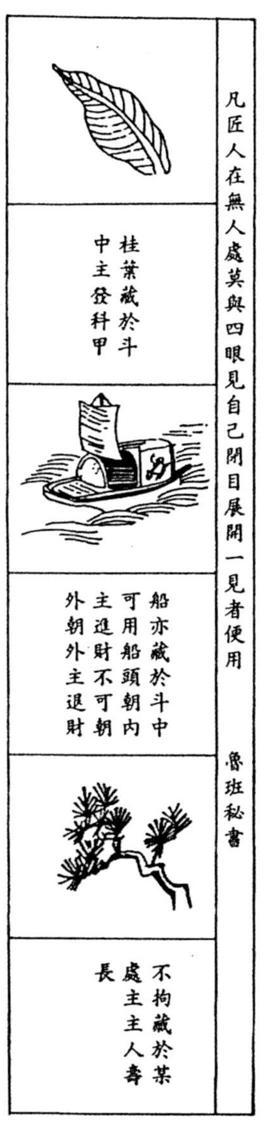

图179　清代《鲁班经》中要求工匠在修建房屋时隐藏的各种镇物以及这些镇物的含义。(采自R.G.Knapp)

求神保佑的活动不仅表现民俗方面，同时也是导致中国建筑大规模规范化的这一独特发展趋势的根源之一。木匠们为了得到正确而简明的尺寸，划分出吉利和不吉利的一些尺寸数据，对这些数据做出专门的解释，大家都遵行这个规则。不利的尺寸数据从不在建筑营造中采用。这个带有迷信性质的规则被用来决定任何一所建筑的规模，其结果是造成了建筑尺寸的标准化，随之带来的是建造房屋时所用土地的划分越来越变得规范化。

建筑装饰和色彩的使用也深受求神保佑希冀吉利等活动的影响。在住宅的前面、屋顶、室内以及周围都书写或者镌刻出来各种各样的吉祥字样，如“福”字及其象征物——蝙蝠或蝴蝶，或者与之有关的颜色——朱红色，象征夏天的火热兴旺。也有“寿”字这个普遍的装饰字样及其象征物——仙鹤、常青树、岩石、鱼、鹿。表示数量巨大的“万”字符，形象为一个反旋的纳粹符号，意为永恒的生命。还有其他字样，例如“禄”和“喜”。另外，叮当做响的小铃铛、悬挂屋外周围布满钉子的照妖镜、《易经》中的八卦图、面目狰狞的门神（形象为一个凶猛的武士，放于大门入口处，用来镇吓鬼魅）等只是中国住宅诸多装饰形式中的几则常见的符咒例样。

图180 浙江，某宅的穿斗式结构。为了祈求好运，房梁下面悬挂红布，同时注意梁架的榫卯连接方式。（采自 R.G.Knapp）（上）。

图181 山西，党家村。新婚人家挂的门帘上面印由三个喜字以及各种吉祥图案（下）。

注 释

[1] R.H. van Gulik, La vita sessuale nell'antica Cina, Adelphi, Milano,1974, p.144

[2] J.K.Fairbank, China, a New History, The Belknap Press of Harvard University Press, 1992, p.18

[3] M.Granet,Il pensiero cinese, Adelphi, Milano,1971, p.259～266

[4] R.A.Stein,Il mondo in piccolo, Mondadori, Milano,1987, p. 129～p.138

[5] V.Franchetti Pardo, Impressioni sull'architettura cinese, in <Bollettino della Biblioteca della Facolta' di Architettura>, p.39

[6] F.E.Brown, L'architettura Romana, Rizzoli, Milano, 1963,p.14

[7] ibid.

[8] G.Patroni, Architettura preistorica generale e italica. Architettura greca, Istituto Italiano di Arti Grafiche,Bergamo, 1941, p.294

图182 山西，芮城，永乐宫元代壁画中的四合院。画面为吕洞宾出生图。吕洞宾是中国道教中的一位睿智和勇敢的人物。他的母亲在他出生的前一夜做了一个非常吉祥的梦，一只仙鹤（图右上角外）飞临她家，整个宅院顿时芬芳四溢，数日不散。

第三章
住宅建筑

中国建筑的结构实质

间——建筑的基本模式

包含或凝聚在一栋建筑里面的生命能量、不管它是宇宙的、人类的、还是巫术的，只能通过一种实实在在的物质材料才能来恰如其分地释放出来。因此，不论是上千年的建筑传统，还是流传至今的本土宗教（指的是道教——译注）的要义，都一致认定木材是最合适的建筑材料。的确，道教思想提出用木材来建筑自己的住宅，是因为木材曾经是活生生的物质。特别是中国人相信转世轮回，视树木如人，具有呼吸吐纳和复苏再生的功能。而石头和砖头是没有生命的物质，只能用作表现死亡的建筑，例如地下墓穴；或者用作抵抗易受潮湿之虞的建

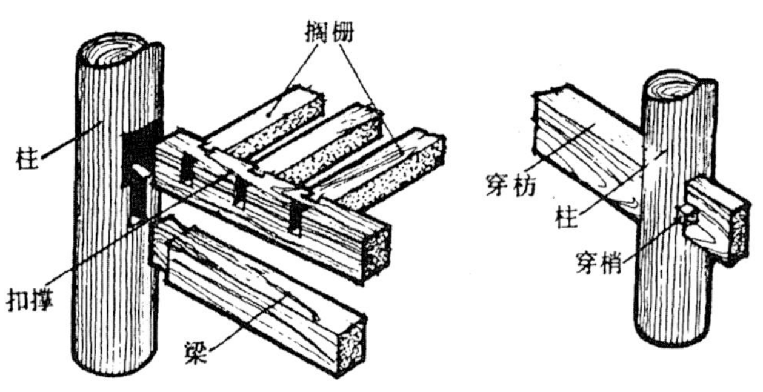

图183 榫卯结构的安装示意图，木作工艺未见使用钉子、螺钉和木胶。

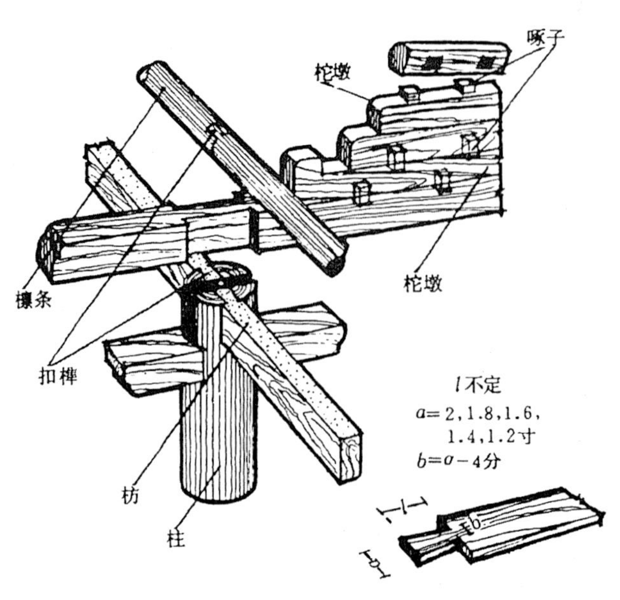

图184 山西，临汾。牛王庙的屋顶藻井做法（上）。

图185 山西、浑远。悬空寺（下）。

图186 南宋时期的《诗经》插图，存上海博物馆。图中表现了“四角立植”的最基本的构架特点（上）。

图187 清代《鲁班经》中的凉亭图，一间建筑的典型做法（下）。

凉亭式

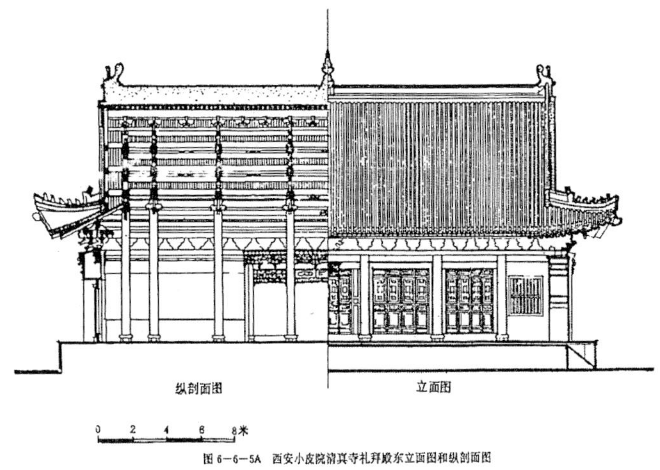

图188 陕西、西安。明代大清真寺的立面图和剖面图，体现了古代建筑构成的三要素：台基、屋身、屋顶。

筑，例如桥梁；以及用作建造易遭火患之灾的建筑，例如书楼。在中国，没有任何建筑在筹划时期就打算把它设计成坚固耐久的结构，即便它是典型性的或礼仪性的建筑。而在我们西方，这样的建筑就应该采用砖或石材来建造，这样才能使之永恒不朽。中国的有些建筑即便遇到经费或机会问题而采用砖石结构砌筑墙体时，也要重复木结构的建筑形式，不论在建筑细部上，还是在结构的组成上；前者会在墙壁上隐刻或描画梁枋以及安置琉璃斗栱，后者会用一排相互连接的间架来构成整体。“间”是木结构建筑的基本模式，这个词一般对应地译为“跨度”（campata）。其实，这个意大利语单词表达不出它的特殊意义，因为“间”这个专门术语从概念理解上和实践操作上都可以准确无误地表达中国建筑理念的内涵。实际上，“间”既是指对一切建筑都行之有效的基本结构体系，同时也反映出建筑的空间构成基本元素的概念，表达了中国独特的木结构建筑传统总结出的体量、空间、功能、布局以及装饰的内涵。

针对建筑而言，“间”指的就是一个长方形用地范围的居住空间，这个空间包括地坪、四角立柱以及它们所承托的梁架和檩椽，它表达了建筑空间在概念理解上和实践操作上的尺度涵义。因此，它不但是决定各种房屋规模与比例的法则，同时也是建筑地盘分割和结构空间模数的法则。这些充满睿智的涵义不是哲学思辨的结果，而是基于大量实践性思考而上升到理论层面的产物。因为“……‘间’实际上是木匠们进行整体构筑时使用的基本尺寸，在以后不断的建造工程中，它变成了一种能够节约工时和物料的设计模数。这种设计模数的应用成为建筑营造的一种制度抑或一种程式，这样，木构件的制作更加标准化，构架的拼装搭建也更加方便……。有了这样一套标准化的构件样例，工匠们甚至可以根据一间梁架所用的各个部分的构件尺寸来构筑出一栋复杂的建筑，而无须遵照一张设计图的指导。”[1]

中国建筑的特点表现在结构体系中简洁明确的力学特征，而不是表现在如何探讨新的结构组合。由于一栋建筑是一间梁架重复组合的结果，最终的结果总是可以预知的。因此，若要描述一栋建筑如何建造的，最重要的方式不是展示建筑平面布局的图纸，而是标明梁架构件之间固定搭接关系的局部做法说明。确实如此，宋朝（公元960 － 1279年）出版的建筑工具书《营造法式》总结了中国建筑的本质，书中详细介绍了一间梁架的多个组合侧样和许多典型局部的做法说明之后，只用四张

图189　河北、赵县。赵州桥，建于隋代开皇大业年间（公元590—608年），匠人为李春。桥体采用了单孔敞肩石拱券结构，跨度近40m，这一技术比西方早800—1200年（上）。

图190　陕西、乾县。唐代乾陵永泰公主墓，利用穹顶技术建造的地下墓室，展示了结构的特点和空间的组织（中）。

图191　四川、成都，前蜀王王建墓的墓室（下）。

图就表明了如何用它们来组合成一栋建筑的平面布局。

在中国，建筑形式不会随历史时期的变迁而彻底改变，建筑类型不会有本质的差别，建筑材料不会有太多的变化，甚至书香门第与平民百姓的住宅也不会有明显的区分。在这种情况下，虽然建筑的等级能够从那些我们认为是次要部位的地方来分辨，譬如台基的高度、屋顶的形式、施用的色彩等，但是首先要辨别出建筑开间的规模和特点。这就是为什么所有建筑都根据其开间数目和明间的尺度来评估它们的重要性，排列它们的等级。这种等级秩序的排列在古代由相袭而传的口头法则来确立，后来就有崇尚节俭的皇朝做出明文规定（北宋末年颁行的《营造法式》就有“丹楹刻桷，淫巧既除；菲食卑宫，淳风斯复”的宗旨——译注），但是实质并没有多少改变。按照明朝（公元1368 – 1644年）的规定，寒舍只有一间，普通民宅为长方形的三间，皇族和官宦之家为五间，殿堂和庙宇为七间，皇宫大殿为九间，特别重要的皇家建筑才配有十一间。

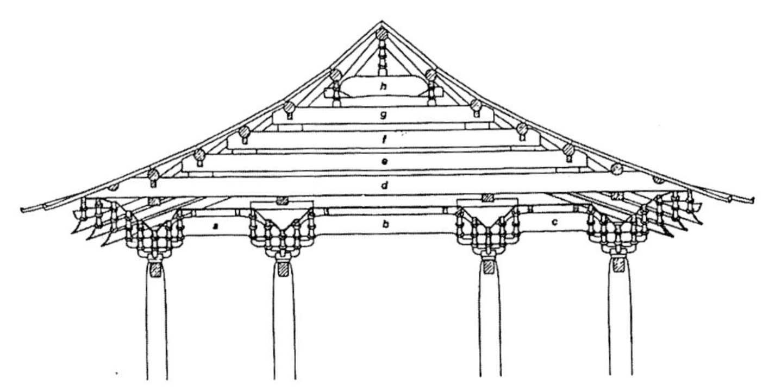

图192 宋代《营造法式》的抬梁式结构的样例。

结构的类型

今天中国的中原地带几乎缺少高大树木，那么，为什么会在那里诞生构架灵巧的木结构建筑传统呢？因为在古代这里曾经是森林茂盛的地区，这里和其他地方一样，容易获得质量很好的木材，人们很自然地青睐木材而非石材。相比之下，木材比石材更容易加工。采用木材建造房屋耗时较少，而且在一个工地上可以让许多工匠同时干净利索地干活。此外，木材的强度和持久性能会比我们“现代文化”所认为的更好。特别是在中国，白皮松被广泛用来做建筑材料，这种材料的力学性能在某些方面甚至超过了一些现代材料。例如，它的抗拉能力差不多是钢材的四倍，抗压能力约为三合土的六倍。再者，实用主

图193 北京、紫禁城，锦云门。清代抬梁式结构的细部（上）。

图194 清代《鲁班经》中的抬梁式结构插图（下）。

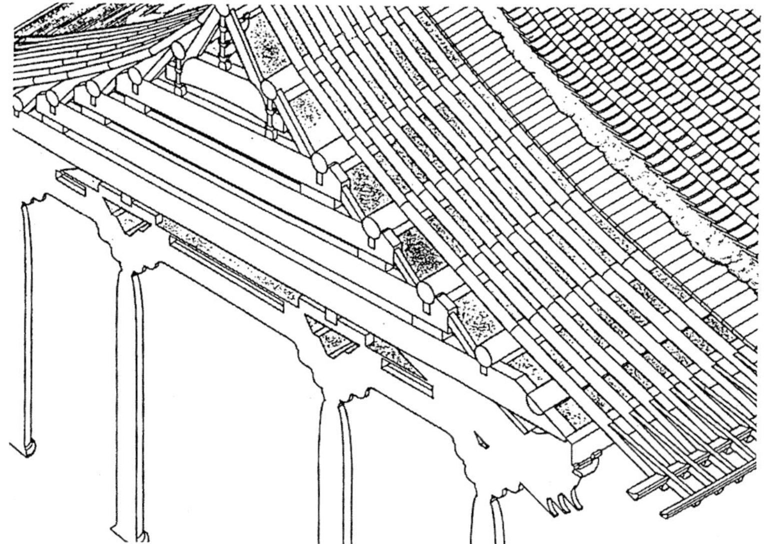

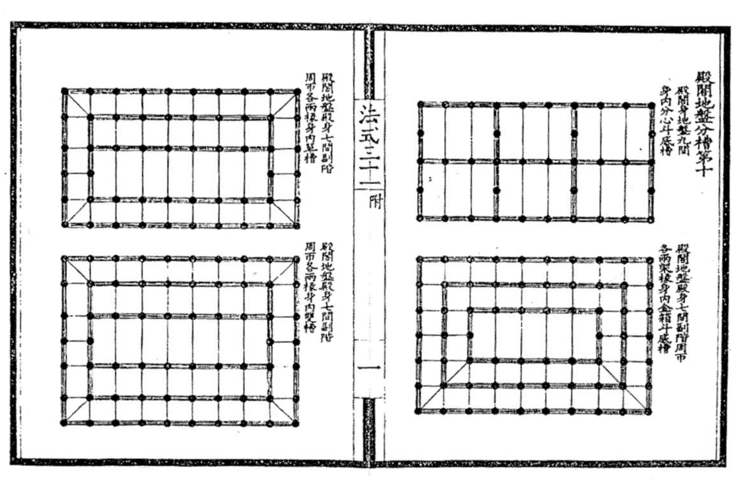

图195　北京、紫禁城，太和殿的剖切透视图（上）。

图196　根据宋代《营造法式》绘制的抬梁式结构的梁架图。该梁架为十椽木伏，上面为檩椽和瓦件（中）。

图197　宋代《营造法式》中的四个殿阁柱网样例（下）。

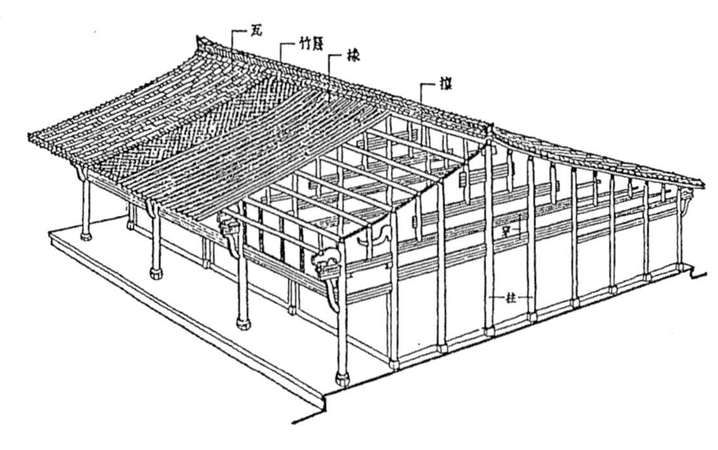

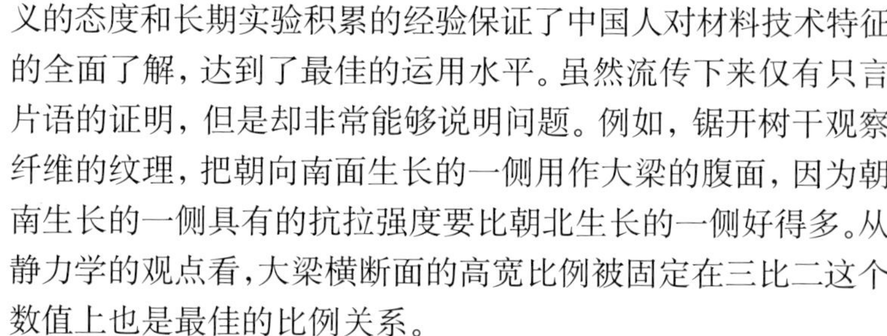

图198　穿斗式结构的梁架透视图(上)。

图199　穿斗式结构的剖视图和实例照片(左下)。

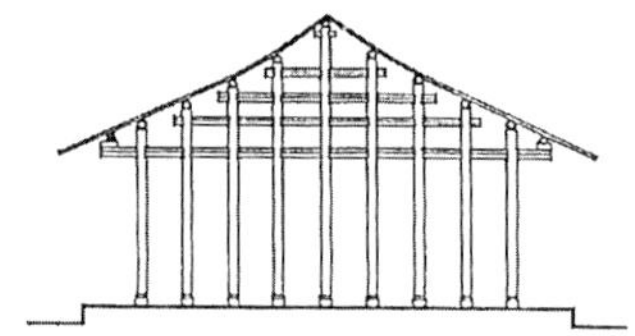

义的态度和长期实验积累的经验保证了中国人对材料技术特征的全面了解，达到了最佳的运用水平。虽然流传下来仅有只言片语的证明，但是却非常能够说明问题。例如，锯开树干观察纤维的纹理，把朝向南面生长的一侧用作大梁的腹面，因为朝南生长的一侧具有的抗拉强度要比朝北生长的一侧好得多。从静力学的观点看，大梁横断面的高宽比例被固定在三比二这个数值上也是最佳的比例关系。

除了这些技术方面的因素以外，为了说明如此广泛运用木结构的理由，我们还可以列举出那些定义为“文化”方面的优势，因为这些因素和优势满足了中国手工业文化的典型生产方式所要求的重复性和经济性，当然也包括精神方面的要求。随着年复一年的日积月累，以这种认识态度产生的实践效果不断地表现出来，具体实施的内容有建筑尺寸的规范化、建筑梁架的标准化以及构件的预制化。实际上，由于木材具有重量轻、易运输的特点，因此更加便于在施工工地以外的其他地方分别加工木构件，同时能够保证设计简化、降低建筑成本和求得最佳质量。此外，这些便于操作的优点还有利于对整个建筑工程进行控制，皇朝官员不必亲临工地，可以随时检查木材是否上乘、施工是否正确、工期是否按时。

在中国的中部和北部，建筑的进深一般仅为一间，采用最多的是抬梁结构。这是最古老的一种结构形式，而且房屋的采光较差。这种结构形式的特点是：长度不等的木梁逐层叠摞，上层梁的梁头两端用瓜柱或坨墩支承在下层梁身上，最终构成双坡式的屋架，这种构架称为抬梁结构。这样，最下层的梁长度最长，而且是惟一真正的承重梁，因为这根梁是唯一直接承受屋架荷载的构件，然后通过斗栱传递整个屋架荷载。斗栱是

由若干斗块状构件和弯臂状构件组成的十分精制的一簇组合部件，从结构技术上和建筑形态上使得屋架与檐柱之间建立联系。斗栱在中国建筑中起着极其重要的作用。

结构的柱子并不固定在基础上，因为柱脚下面垫有柱础，多采用石材或铜材。柱础是柱子下面的间隔构件，目的是保护木质柱子不受地下潮气的侵扰，而不是为了拓宽柱子的支撑点。这些构件简单地放置在石板台基上，柱子的底脚用地脚枋或下槛连接，它也被用作门槛来划分内部和外部空间。所有的建筑构件，立柱、横梁、枋木、檩条、椽子、斗栱、藻井……，不管是横向的还是纵向的，它们之间都是通过榫卯的咬合来连接，金属的钉子和螺栓被木制的楔钉所取代，榫卯技术肯定在公元前七千多年就已采用，而且一直流传到今天。

在南方，由于气候条件的不同，很多方面表现的与北方刚好相反。建筑主要采用穿斗结构，使得房屋的进深更大。穿斗结构是抬梁结构的变体做法，这种结构是在汉族向南方扩张的过程中，为了使北方的住宅适应南方的特点而逐渐演变形成的。穿斗结构与抬梁结构的不同点有三方面：房檩直接支承在立柱的顶端，把屋顶的荷载直接传递到地面上；立柱的高度不一，柱径更细，因此数量增多而间距减小；用一排排断面较小的穿枋取代横梁，叠置穿插在一排排的立柱上部，构成整体结构。比起抬梁结构，穿斗结构表现的特点是建筑的整体结构更加紧凑和实用，房屋的稳定性能更好。由于结构各个支撑点的相对距离近，承重强度低，所有构件的断面尺寸缩小，不需要抬梁结构的长梁，因而耗用的木材较少，建筑造价更经济。抬梁结构的造价较为昂贵，材料也不易找到和运输。

图200　柱础。柱子坐落在础石上面，不采用其他锚固措施（左上）。

图201　唐长安大明宫的柱础（右上）。

图202　柱础与柱枋的连接形式。柱脚坐落在半埋土中的柱础上，两侧与柱脚枋相连接（右下）。

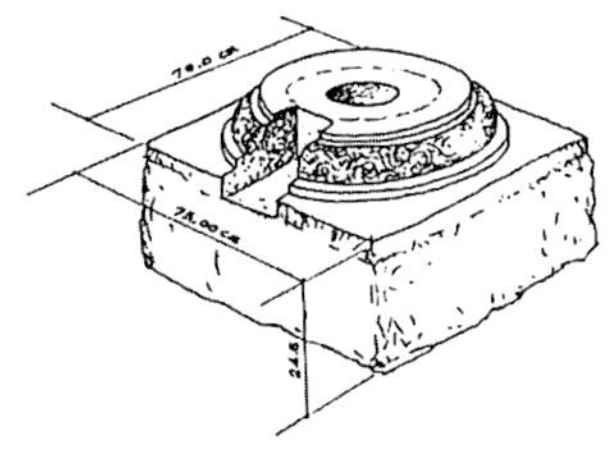

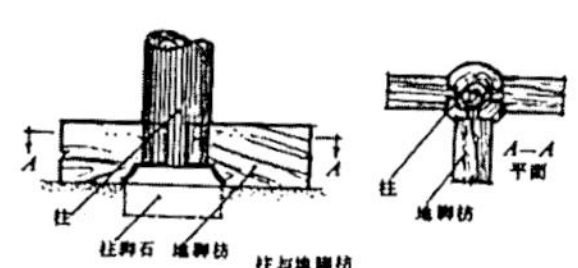

抬梁结构的抗震性能

为什么中国人如此青睐抬梁结构，而不是穿斗结构？从建筑的稳定性来看，抬梁结构不如穿斗结构更符合结构逻辑；从建筑的经济性来看，前者也比后者的造价更高。更特别的是，如何解释那个层层叠置貌似累赘的梁架造成的明显浪费？显然找不出建筑的或经济的理由。从建筑技术的观点分析，惟一有利于抬梁结构存在的理由似乎在于立柱(包括瓜柱和坨墩)与横梁的节点不被割削而破坏材料的强度，而在穿斗结构中，节点的割削是横纵构件之间连接的必要手段，造成节点处的强度削弱。横梁是组成一个完整坚固的抗水平荷载结构的基本构件，而穿枋则是连系一组排列整齐但相互分

图 203 《钦定书经图说》，1905 年出版。画中有瓦匠、木匠、铁匠和装修匠，他们正在进行建筑营造活动。

离的立柱的连接构件。

除此此外，还要问一问为什么中国人只是偶尔地采用桁架结构？然而在古代他们很早就已经熟悉这种结构。尽管这种结构的做法更为复杂一些，可能还会遮挡更多的光线，但是作为屋顶结构却是更经济更美观的。或者再问一问为什么中国人更加喜欢采用精巧的榫卯而不是钉子来连接构件？其实他们早就了解用钉子连接是一种更经济更快捷的方式，可是他们只是用钉子来连接屋面的椽子之类的次要构件。

中国的建筑群体并非是一个有机的统一体，而是一个由体量有限的多个单体结构组成的集合体，一般高度只有一层，各个单体结构各自独立，结构荷载对称。让我们分析一下抬

图204 《钦定书经图说》，1905年出版。画中的瓦匠们正在建造一所房屋的院墙。

梁结构和穿斗结构这两种类型梁架的整体性能：首先观察抬梁结构，这种结构没有相互推拉的构件，构件之间的连接显得非常紧密和灵巧。此外，为了增强整体结构的稳定性，建筑的檐柱均在柱头和柱脚采用榫卯接口连接，并且柱身由外向内略微倾斜。梁架的整体结构性能表现为构件之间相互牵连，很结实又很有韧性，这种不用胶粘或者钉子的榫卯接口非常柔韧。埃尔塞 · 格兰（Else Glahn）观察到，这种结构遇到地震时，构件本身位移所产生的摩擦有助于减弱或吸收垂直方向震动波的能量。建筑物虽然会产生摇晃，但是因为结构本身的振动周期远大于地震波的振动周期，所以不会发生共振现象[2]。另外，屋架、楼板以及斗栱等处的节点都有阻止

图 205 《钦定书经图说》，1905 年出版。画中一位官员正在监督建筑施工。

水平运动的效果。如果我们打比方的话，中国建筑的稳定状态就像一张结实沉重的桌子，在桌子四条腿的底部和顶部用横框相互连接，整体结构柔韧，构件连接富有弹性，它摆放在地上但不与地面固定。这样，在地震的情况下，桌子的整体结构可以移动和振动，但是不会在结构内部引起摧毁性的破坏力。

逐层叠摞的梁架重量很大，加上屋面瓦件的可观的重量，中国建筑把最大荷载都集中在屋顶的上部和中部。其实，这才是工匠们孜孜以求的结果，就像一句行话说明的那样，“造屋之势，在于上重”。为什么中国人会采用如此做法来加强建筑的稳定性呢？事实的答案是这样的：梁架和屋顶的巨大重量都是为了抗衡风力，特别是那种屋顶容易被风力掀起的建筑，因为它的整体结构轻，又不扎根地下，高度只有一层，而且屋檐非常突出。总之，就像刚才举桌子为例一样，应使桌子有一定的重量，使它在受到来自侧面或底部的猛烈推力时不至于翻倒。

墙体只是用作一种围护结构，因为整体结构已经具有抗震的特性，有一句俗话可以说明这种特性，那就是“墙倒房不塌”。承重结构、围护结构、分隔结构之间如此明确和“理智”的分工对于中国建筑的空间性质产生了极大地影响，特别是建筑内部的空间划分，几何柱网上的结构交点与分隔结构之间的自由布置，提早预示了建筑空间的流动性和空间使用的灵活性，这些性质类似西方现代派建筑师在20世纪才取得的成就，那就是法国建筑大师勒·柯布西耶（Le Corbusier）称之为自由布局的建筑平面。

图206 清代的《列仙图》中的人物。

中国建筑的特点

中国建筑的基本构成

在中国古代，就连最普通农宅都可以反映出那些纪念性建筑所具有的工艺的和象征的传统。不论建筑的重要性如何，规模形式如何，基座、立柱和出檐宽大的屋顶是所有常见建筑的最具特点的基本构成。除此之外，建筑多有影壁和斗栱，斗栱的字面意义是木块和木臂，意大利语称其为“组合托座”(sistema di mensole)，这些也是令人印象深刻的基本构成。

基座 基座的作用是将建筑自地面上抬高，这样就能够阻隔来自地面的潮气腐蚀木质立柱的底部。基座的高度变化从农宅的半米左右到皇家宫殿和重要庙宇的四五米。这种四五米高的基座通常表现为一个带有上下台阶的大台基，它的上面和侧面铺砌普通的青石板或豪华的大理石板。普通住宅的基座为一个简单的土台，面积要小于屋顶外檐檐口的面积，这样就使得房顶上落下的雨水散落到基座以外，防止雨水溅湿柱脚。高起的基座大多建造在一块平整干净的地面上，先将地面的表层土挖掉，挖出一个底面低于地面的基槽，然后从基槽开始精心地垫土夯筑。基座的面积要满足建筑物的外围尺寸。建造好的基座非常结实和坚硬，强度不亚于水泥拌合的混凝土。这种异常坚硬结实的效果是由素土(有时加石灰)、砾石和碎砖逐层夯筑出来的，第一层用单人木夯来夯砸，第二层则用沉重的双人大石夯来夯砸。在这个基座上建立的建筑物由于体量低矮、重量较轻，因此无须其他的更多的基础处理。放置在立柱与地面之间的石板或是石础、铜础、木础，它们并非用来扩大支撑点的面积，而是用来预防建筑的木构架不直接与地面接触，从而保护木构架不受潮湿的侵袭。特别是放置在檐柱柱脚下面的木板起着“牺牲构件”的作用，一旦发现上面有潮湿霉变的迹象，便马上更换一块新的。这种建筑与地面的独特处理方法产生于中国中部和西北部地区的陆相风化沉积物这一种特殊的自然地质环境，这种土壤被称为黄土，有较大的孔隙率，最大可达到40%，干燥时非常结实。

墙体 只有在简陋的建筑上，墙体才成为承重结构的成分，而在一般重要的建筑中，墙体只起到封闭围合的作用。最为流行的墙体做法是夯土墙，这是一种夯土版筑的建造方式。先将新鲜的素土均匀地铺在可拆卸的木框架内，逐层用夯砸

图207 北京、紫禁城。从太和门拍摄太和殿，太和殿建筑面积2400m^2，高度34m，是紫禁城中规模最大的单体建筑。根据风水学说的要求，太和殿位于“宇中”位置，天子在这里行使至高无上的权力（右上）。

图208 根据《营造法式》的规定对唐代建筑的局部结构进行图解（右下）。

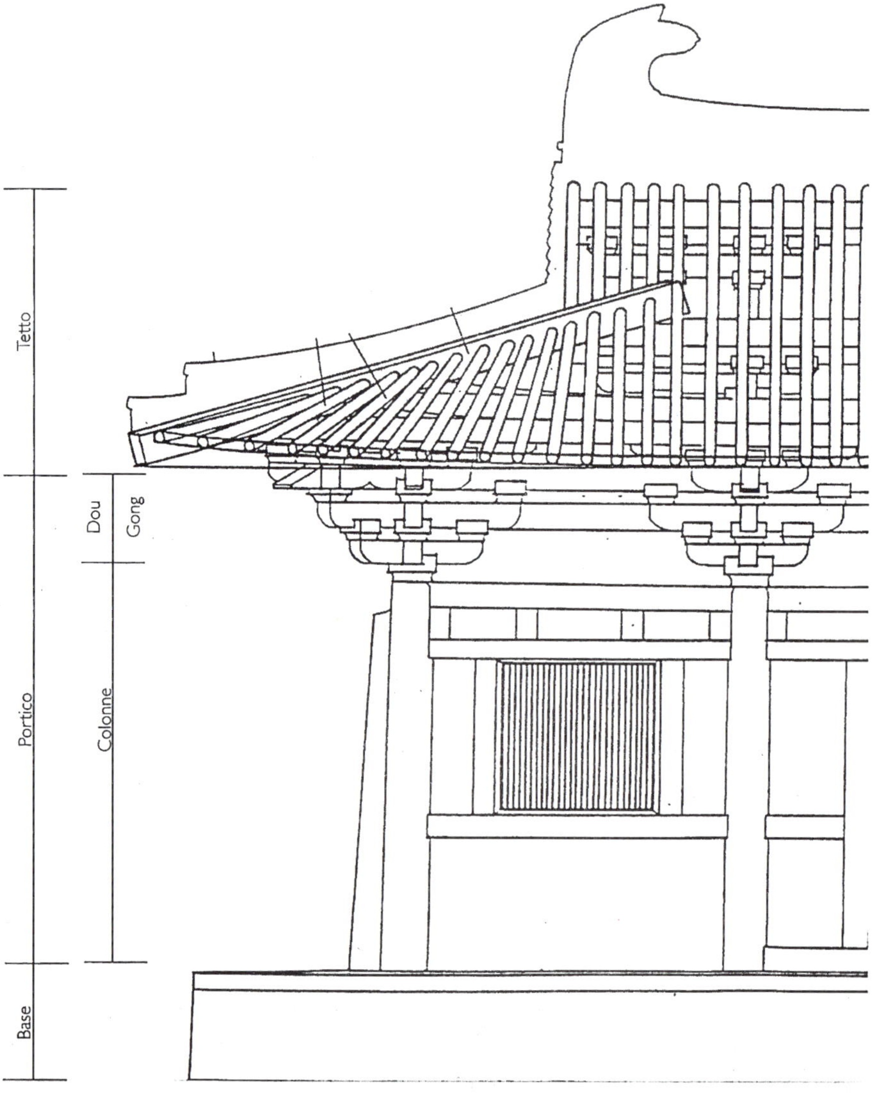

Tetto
Portico
Base
Dou
Gong
Colonne

实。木框架的框板可以沿着两个呈倒“V”字形的立柱内交替移动升高，这样边夯土边升板，一层又一层直至达到墙体所需的高度。墙体材料或是简单的泥土，或是与麦秸、油渣及黏土拌合而成的混合土。黄土可以加干草和煤灰或泥炭制成青色的砖。人们以为这种砖不透水，用这种砖来铺砌地面，并经常用在墙体的底部来防止潮气上升。同样，为了建筑结构的防潮，成排的砖块或石块按一定的间隔整齐地码放在沿墙脚的地方；或放置在横梁与承重墙的接合部位上；或放在山墙的山尖部分，这部分由于屋顶山花出檐的遮蔽不到而最易遭受雨水侵袭。房屋的北墙若是夯土墙，一般略作铲平，留着粗糙的墙面，不再作进一步的加工或磨光，因为这种麦秸泥土夯土墙的粉刷相当不容易。其他墙体上一般不涂刷颜料，只是偶尔在南部地区才涂刷颜料，通常涂刷成白色，可以很好地反射太阳光线。

土坯和砖也被使用，尽管使用的比例不大。17世纪出版的《天工开物》记载了这样一个已有上千年历史的建筑技术：先将泥土与水和匀，倒入木制的模子里面做成砖坯，用竹弓绷紧的细线把砖坯表面刮光，然后放在太阳下晒干。在南方还可以利用稻田的底泥来制造砖坯，因为稻田每十年要凉晒一次，届时可以直接把底泥切成六面体的砖坯，或把潮湿的底泥放进附近干地上的砖模子里制成砖坯。砖尤其运用在南方地区，那里物产丰富但是没有黄土，甚至很流行竹编的墙壁。采用石材或木材做成的墙体只用在特殊情况下。建筑内部的分隔则采用多种材料，例如夯土墙、砖墙、土坯墙、以及用竹子、箔子或者它地方材料做的墙，但是最好的还是木雕隔墙或屏风，多被皇宫和豪宅用来分隔房屋的内部空间。

屋顶 中国人最骄傲的是他们的建筑有着高大宏伟的凹曲形屋顶。这种屋顶的原始形式是双坡顶，历史上的重要建筑往往是四坡顶，在贫穷或缺雨的地区也有单坡顶的房屋或是更不多见的平顶房屋。古代建筑发展到公元前3世纪的秦代时期，屋顶的斜面还是平直的。后来，逐渐从重要的建筑开始，屋顶的斜面开始变得凹曲。为什么会这样呢？曾经有过多种答案，听起来各有一定的道理，但这些道理若是都成立显然太多，这里只是例举其中最有代表性的一些答案就足够了。有的答案从中国屋顶的形成与发展的理由出发，认为凹曲屋面可以较为长久地再现了早期帐篷顶盖的曲线，或者可以再现宽阔平直的斜屋面在砖瓦和积雪重量压迫下发生弯

曲的变形线条；另外的答案认为这样做的理由应当来自于结构和稳固方面的要求，因为凹曲的屋顶能够比平直的屋顶能更好地抵御大风和地震破坏，这是由于屋面是由一排排整齐放置在檩条上的椽子形成，而不是粗长刚硬的大梁，因而这部分的木结构更加富有弹性；还有的答案认为应从实践经验和设计合理性方面去考虑，强调在屋顶的檐口部位减少斜曲度和逐渐升高的做法，是为了减小雨水下滑的速度并使它冲溜的更远，有助于在不同的纬度上保护窗户免受太阳直射，加上相应进深的柱廊还能够提高住宅的自由视野；极端的答案则强调迷信的特点，认为中国人忌讳建筑采用直线，因为鬼魅和邪气是沿着直线行进的。作为一位建筑师，我更相信建筑形态上的原因，因为凹曲的线条从形式上减轻了屋顶的厚重感，如果宽大的屋顶坡面是平直的形式，则会显得过于沉重，这一点并不仅仅在中国人的眼睛里能够观察出来。直到今天他们还在为古老的琉璃瓦屋顶产生的美丽而感到特别的自豪，将其视为比西方建筑更为先进的一个体现。

屋顶的表面有不同的材料来铺敷，多数用筒板瓦或小青瓦，但也用泥土、麦秸和其他地方材料。麦秸可以捆扎成束直接铺放在檩条上，筒板瓦或小青瓦却要铺放到屋面的望板上，并且用灰浆或泥浆来固定瓦件。有时在灰浆和望板之间还要铺垫一层锡板来阻止雨水渗透到梁架上。在显赫的建筑中，屋面瓦件的尺寸和颜色要依据房主的官品和等级来上釉彩和颜色。例如，皇宫用黄色，寺庙和王府用绿色或蓝色，普通住宅用青灰色。颜色的选择取决于每种颜色约定俗成的象征意义，例如黄色象征着太阳，意味着温暖和生命，因此是皇帝使用的颜色，处于这样的附会原因，皇宫屋顶的颜色当然应该是黄色的。

柱廊与斗栱 柱廊是梁架结构的支撑部分，它就象檐墙和隔墙等其他垂直部分一样，被粉刷成赭红色，可见的梁架与屋顶构件被粉刷成蓝色或绿色，偶尔也粉刷成灰色，间染黑白两色来活跃气氛。垂直构件暖色调的赭红色与水平构件冷色调的蓝绿色形成对比，充分强调出建筑上这两个重要范畴之间的既各自区别又相互依存的关系，同时也突出了站在室内从下往上看到的暗环境对比的视觉效果。垂直构件与水平构件之间插入斗栱，它是斗块状的“斗”与弯臂状的“栱”组合起来的木制托座，目的是传递受力和外挑屋檐，这是中国建筑最独具特色的构件，由很多复杂的小构件组成，诸如斗、升、栱、翘、昂。宋代（公元960 – 1279年）的《营造

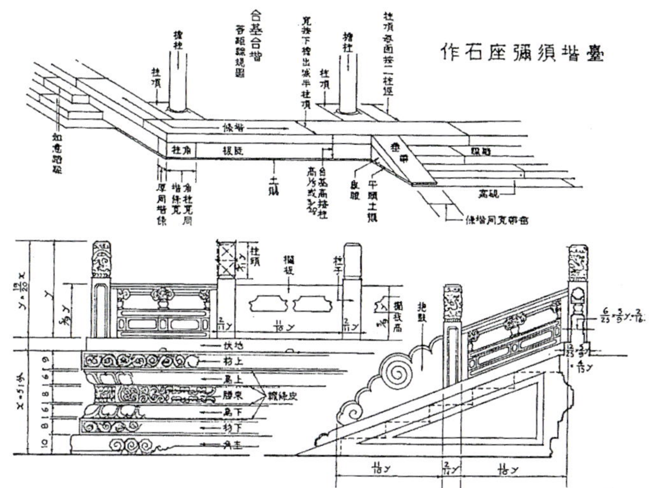

图209 清代《营造则例》的台基样例（左上）。

图210 北京、紫禁城。从太和殿看保和殿的台基转角部位（左下）。

图211 北京、紫禁城。保和殿台基的局部（右上）。

图212 北京、紫禁城。太和殿的三层台基（右下）。

法式》对斗栱的每一部分都有极其细致地例样和说明。如果斗栱放在檐柱的柱头上，大梁的梁头便做成了突出的耍头；如果斗栱放在开间之中的阑额上，则出挑的栱和翘只起到装饰作用。斗栱曾是作为承重构件而产生的，自明代（公元1368－1644年）以后逐渐演变成装饰件，斗栱的体量缩小，丧失了某些力学功能。普通百姓的住宅禁止使用斗栱，斗栱只能够在宫殿和庙宇建筑上使用。

影壁与宅门 影壁是置于宅门对面的一段墙壁，有一字形和八字形两种主要式样，用于阻挡从街巷向院内窥探的视线，保护宅院里面不受门外风尘的袭扰，依照民间习俗还可

图213 北京、紫禁城。保和殿的屋檐转角（左上）。
图214 清代《营造则例》的屋顶瓦作图解（右上）。
图215 清代《图书集成》中的造瓦图（左下）。
图216 中国古代建筑常见的屋顶形式（右下）。

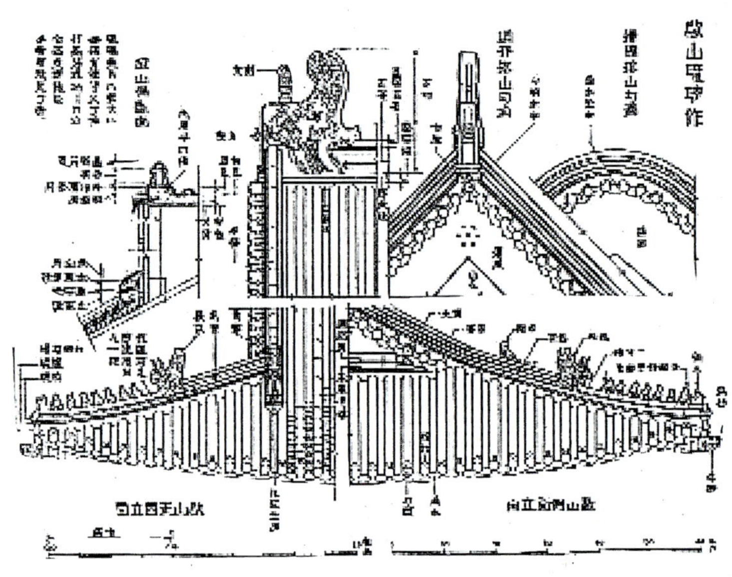

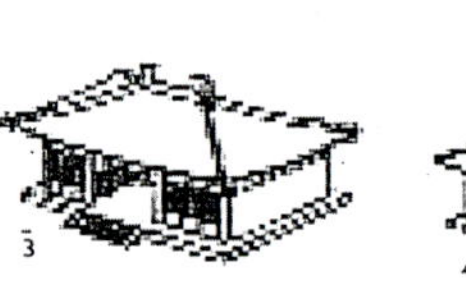

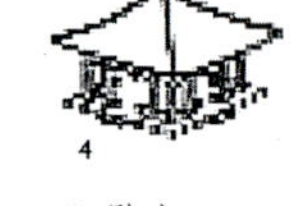

1- 悬山
2- 硬山
3- 庑殿
4- 四角攒尖
5- 卷棚歇山
6- 歇山
7- 重檐歇山
8- 重檐庑殿
9- 重檐四角攒尖

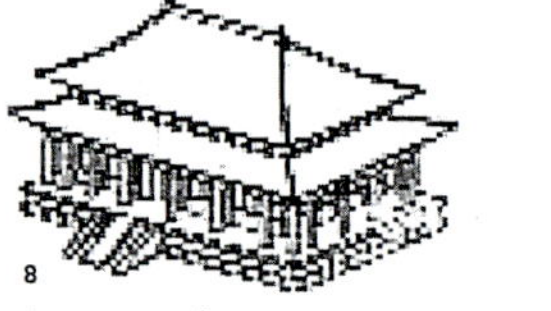

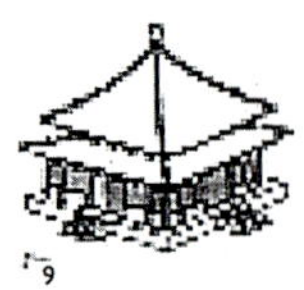

以防止鬼魅邪气进入宅院。影壁正面一般描绘或者镌刻祈福迎祥、驱魔祛邪的象征性图案，影壁前种植花草。如果是门堂显赫的人家，若宅门前有足够大的空间，那么，除了宅门内的影壁之外还可以在宅门外再建造一座影壁。

宅门一般安置在院墙的东南角，除非具有高贵身份的房主，例如皇亲国戚、达官贵人，为了显示自己的地位才把宅门布置在中轴的位置。在一个沿道路两旁排列着青灰瓦房顶和无窗灰色墙壁的城市里，从街巷上惟一能够显现出院墙围合空间的标志就是宅门，因此宅门的做工特别精致，彩饰非常鲜艳。宅门成为临街面上惟一能够展示房主社会阶层和地位的代表，是中国住宅建筑中规矩最多的地方，它的讲究甚至比屋顶还多。等级不同的宅门种类在形式、规模、材料和色彩上都有严格的规定。凡是权贵或富有的人家，宅门与街道之间的过渡空间就宽，门扇的尺寸就大。越是地位显赫，越是追求木制大宅门的尺寸高大、形式气派、装饰精巧、色彩华丽，建筑成分复杂，装饰手法繁靡，门扇边框两侧的石抱鼓宽厚沉重。

石抱鼓的造型一般是下方上圆，圆形石鼓的鼓面镌刻狮子或其他瑞兽。石抱鼓也有稳固的作用，用来平衡向外开启的两扇沉重的门扇。

图217 北京、紫禁城。太和殿的外檐（左上）。

图218 北京、郭沫若故居。住宅的前廊（右上）。

图219 北京、北海，静心斋。建在清代乾隆时期，乾隆皇帝常在此处读书（右下）。

图220 北京、某宅如意门。金属门扣的图案是一种避邪的装饰物（右上）。

图221 北京、某宅如意门的细部（右下）。

没有建筑师的建筑

在中国，尽管建筑的传统流传了上千年，但是真正的古代建筑留存下来的却甚少，甚至没有一个比罗马万神庙(Pantheon，建于公元前124年——译注）的年代更为古老。究其原因，一般把它归咎于火灾和所用建筑材料的易损性。实际上，首要的原因应当到建筑营造和建筑制度的文化中去寻找，在中国建筑文化中，一栋建筑寿命的长短依据它的主人的意愿来决定。这样，历代的战胜者都会对被占领的城市和建筑实施有计划地摧毁，就连皇家宫殿本身也被视为一代皇朝执政时期政治权利的实证，它的实证作用不会随着该王朝被推翻而消失。新王朝建立以后会另外修建一座全新的宫殿，可是，基本上是按照前朝宫殿的制度甚至前朝宫殿的典型样式来建造。在

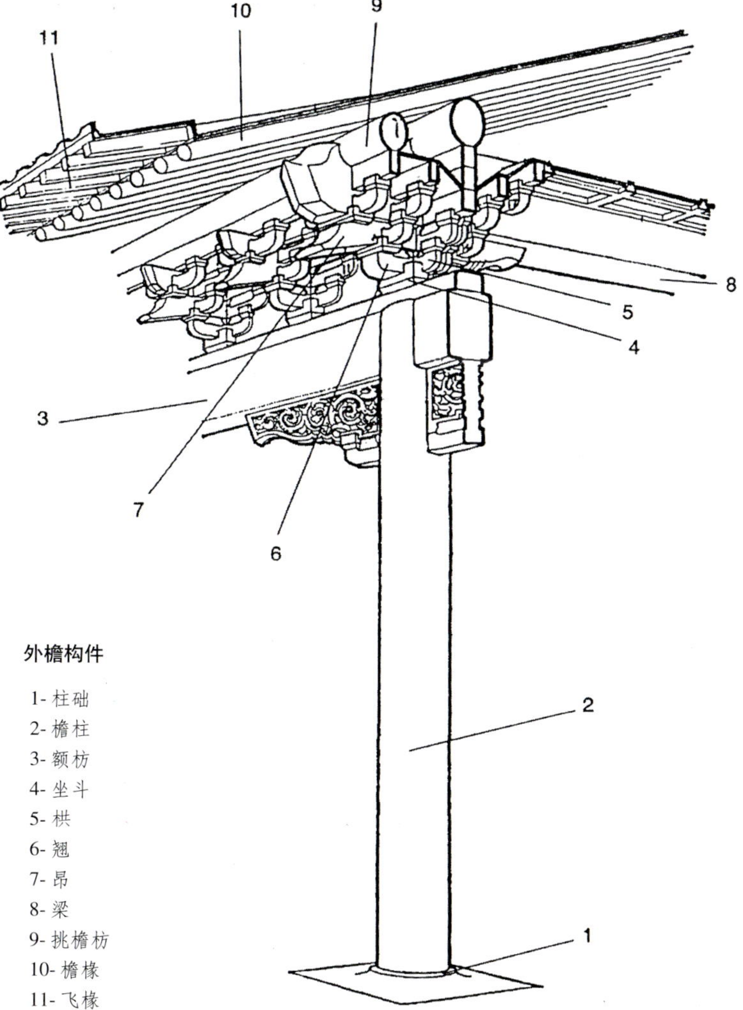

图222 北京、梁思成所做的中国古代建筑外檐做法的图解（左下）。

图223 陕西、西安，历史博物馆。采用钢筋混凝土模仿唐代建筑做出的外檐斗栱和梁枋（右下）。

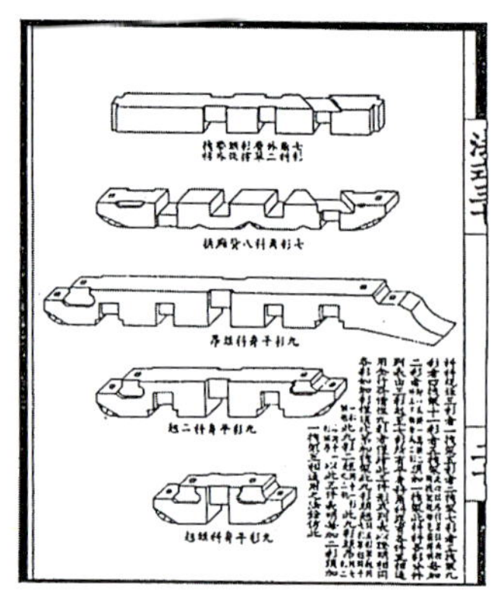

图224　宋代《营造法式》中的斗栱构件图（左上）。

图225　河北、正定，隆兴寺。转轮藏殿重修时的照片，根据《营造法式》的做法要求，柱子的榫卯割口在工地以外的地方加工（右上）。

图226　梁思成所做的历代斗栱演变图（右下）。

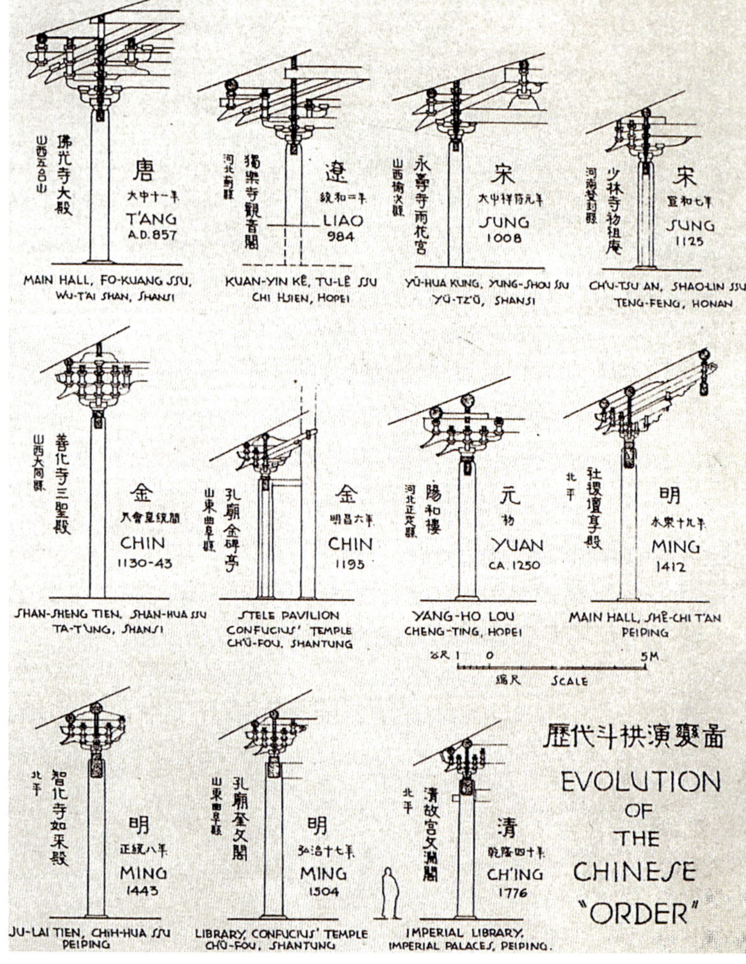

西方，胜利者占据失败者的城堡以后，只是把自己的家族徽章悬挂在城堡上就算了事。

一个建筑设计的是否美（belleza这个词也不甚贴切，总之

图227 陕西、西安，小雁塔。用砖砌出来的斗栱和挑檐（左上）。

图228 陕西、扶风，法门寺。新建的塔院山门采用钢筋混凝土柱子与木制斗栱相结合的做法（右上）。

图229 山西、万荣，飞云楼细部（左下）。

图230 陕西、西安，小雁塔。新山门采用钢筋混凝土和木材做的外檐斗栱(右下)。

图231　北京、天坛。祈年殿的围墙细部（右上）。
图232　广西某地，用稻田中的泥土制作砖坯（右中）。
图233　北京、紫禁城。东六宫与宁寿宫院墙之间的巷道空间（右）。
图234　清代《鲁班经》中的泥制砖坯图（左下）。

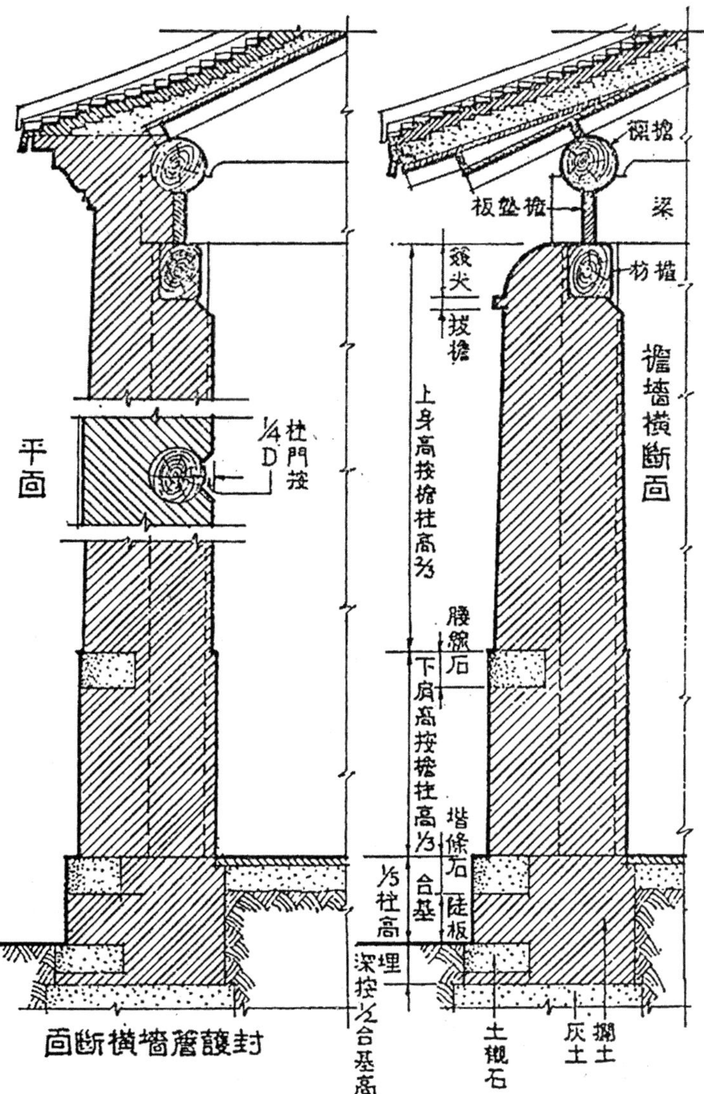

图235 清代《鲁班经》中的版筑夯土图（左上）。

图236 清代《营造则例》中描绘的檐墙（砖砌或夯土）与木构架的连接关系（左下）。

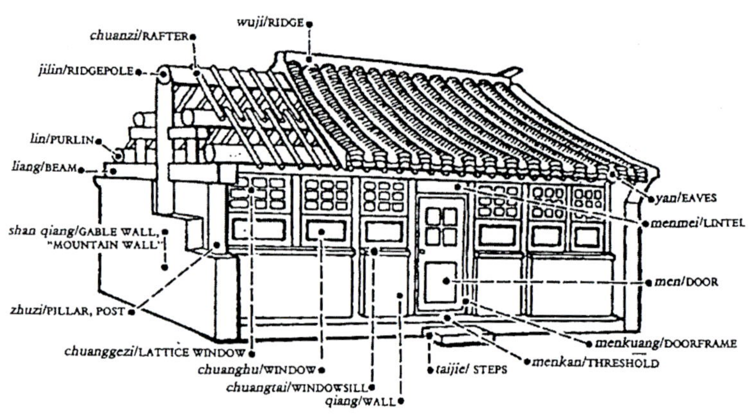

图237　山西、某农宅。三开间的房屋，木梁架，夯土墙，朝南的大幅玻璃窗（右上）。

图238　三开间房屋的基本构件图解，低矮的台基，抬梁式木结构，三面围合墙体，朝南的棂格窗扇（右下）。

不能完全按西方的字面意思来理解）不在于创意的新颖或作品的“个性”，而是在于能否准确无误地反映出建筑的文化准则和技艺传统，这种准则和传统是集体智慧的财富。在意大利，佛罗伦萨的鲜花圣玛利亚教堂的大穹顶(我国也译为佛罗伦萨主教堂，建于公元1420年——译注)因其设计者布鲁涅列斯基(Filippo Brunelleschi）的名字而闻名，而在中国没人知道某个建筑作品设计者的名字。不但那些重要的建筑、就连紫禁城的设计者都无人知晓，只好把它归功于徐泰（译音），因为他曾被皇帝指定去监督修建工程，但是这位朝廷大臣是个文人，不是建筑师。在中国实际上不存在建筑设计师这种角色，因而中国建筑的建造程序对我们西方人来说很奇怪。建筑在建造过程中，委托人发挥了很积极的作用，他不但决定整个建造计划，而且还会在施工期间和竣工以后，对于那些例如花园之类制度规定比较松的地方，亲自授意设计方案和提出修改意见。一个重要建筑的理想设计程序应该是这样进行的：某位身兼官吏、文人和设计师的官员先听取委托人的要求和设想，然后将待施工的建筑划定等次和地盘，再参照朝廷颁行的《营造法式》中规定的八个等次，确定该建筑属于哪一个等次。根据等次标准和有关这类标准的建筑规章，确定建筑的形制、样式、规模、结构和装饰特点，然后从《营造法式》展示的建筑构件中选择该建筑结构所需的构件。这些构件一般在工地以外的地方来制造或者其他较远的地方预制。一旦决定了建筑用材的数量和要求后，这位身兼官吏、文人和设计师的官员便去订货，甚至监督运货，然后检查施工工地，督促工程按照规定的工期和施工要求进行。施工可以在没有专门施工设计图的情况下进行，只是依据一个纲要或笼统的样例，当然也没有表格，有些具体的施工内容可以从《营造法式》中现成的建筑方案或标准构件中进行选取。最后，还要从《营造法式》例举的装修、彩塑和彩

图239 《钦定书经图说》，1905年出版。洛阳建城图。平整土地，划定墙界，夯碾地基，铺放石板，隔绝潮气。

绘的样式中选取该建筑的各种装修内容。实际上，中国的不同文化、地区和时代环境都会对建筑起着十分重要的作用，这一切都使得甲地的建筑有别于乙地的建筑，其间虽然存在着微妙或清晰的差异，但是理论上的基点必须遵从法式或则例，其严格程度对于我们这些已经习惯于在打破常规和标新立异中享受美感的西方人来说多少有些难以理解。

建筑与规范

法式

在中国，几千年来建造的住宅、宫殿、寺庙要比所做的设计多得多，若想在没有建筑设计的条件下进行建筑施工就必须有严格的规范和明确的惯例。首先依靠建筑的传统势力，然后再由建筑惯例和营造规范发挥重要作用。这些建筑惯例和营造规范的书籍既能使工匠们在没有设计人的情况下满足建筑委托人的要求，也能使监督工程的官吏有效地检查工地的施工情况。因为在中国没有建筑设计师这种角色的职业，因此也就没有什么建筑学方面的专题论述，即没有那些专门为建筑设计师撰写的有关建筑形态或类型的书籍。中国建筑文化缺少类似西

图240 宋代《营造法式》中的彩画图例，从上至下为鹦鵡、山鷓、练鹊、山鸡。

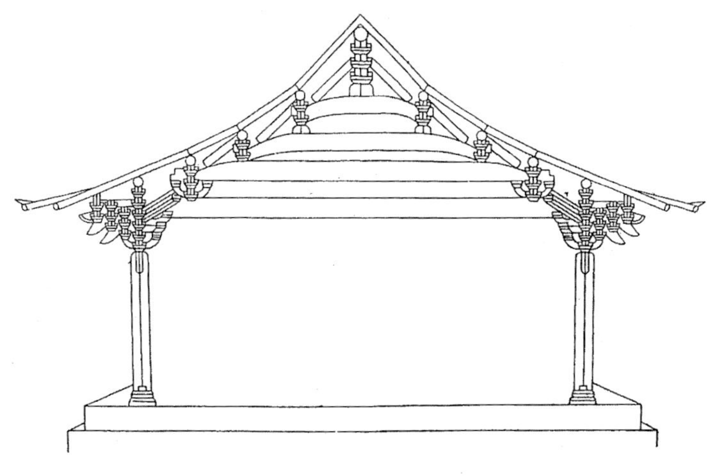

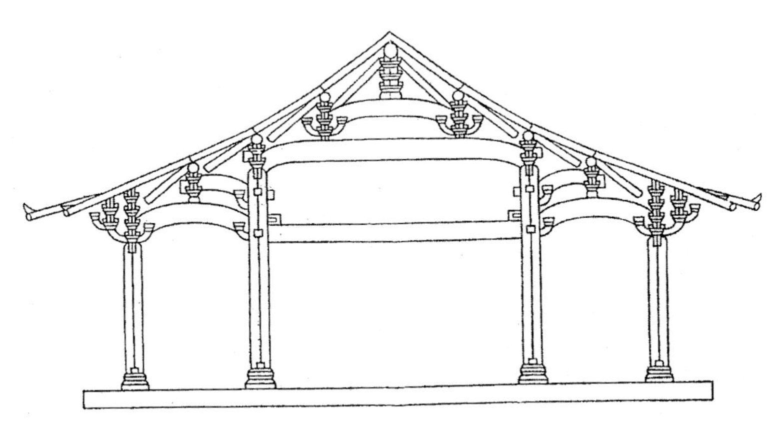

图241 宋代《营造法式》中的抬梁式结构的两例剖面图。

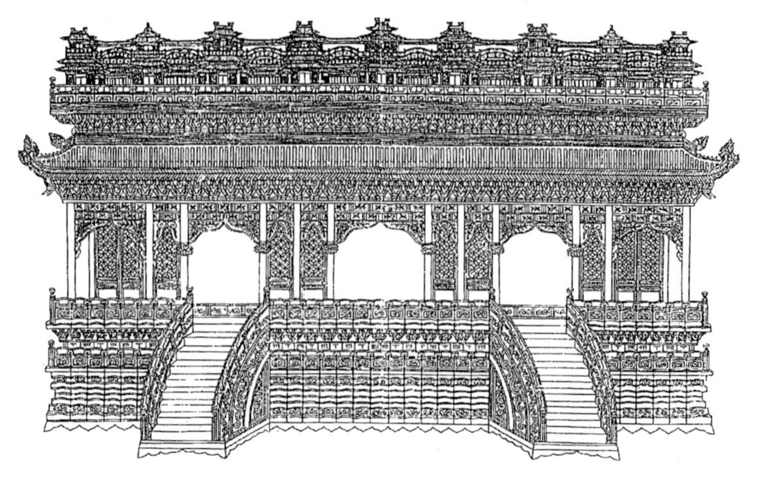

方多少世纪以来具体到建筑学专业方面的理论探讨，这种情况产生的原因，一方面是没有长于思辨的理论专著作为公认的建筑思想予以支持，另一方面则是作为建筑语言的基本理论在技术操作上已经非常清楚明确，无须赘述。

图242 宋代《营造法式》中“天宫楼阁佛道帐”的经藏，采用的是正面多点透视画法，而不是西方人采用的轴测透视画法（右上）。

图243 宋代《营造法式》中的建筑立面图（右下）。

留传到我们手中年代最早的建筑工具书是宋代（公元960－1279年）的，这些书籍很有可能是前代经验的整理总结。这些著作是《木经》和《营造法式》，特别是成书于北宋元符三年（公元1100年）、颁行于崇宁二年（公元1103年）的《营造法式》，它是世界上已知最古老的建筑标准化和构件预制化的典范。的确，标准化的概念是中国建筑文化里面固有的，这也许因为是大量运用木制结构所促进或导致的结果，这种结构的构件可以远离工地制造并且运输方便。

《营造法式》主要针对宫室、坛庙、官署、府第等建筑的设计，并且依据建筑的重要性提出技术标准和样例，没有建筑文化方面的内容。该书由从普通官吏升任将作少监的李诫奉敕编修的，他当时负责官方建筑工程的造价、工期、监督等管理

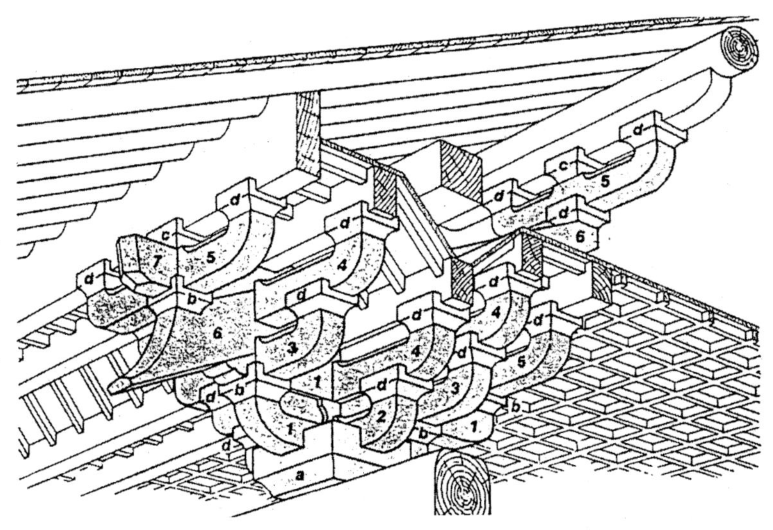

工作。这个职务的工作范围首先是使工部掌握建筑工程所需人工和材料实际数量的计算，然后是预备和库存建筑工程的标准化构件和预制化构件。这样，就能够加快建筑施工的工期，保证建筑用料通过严格的质量检查，例如对加工构件的下料是否正确，木料是否在合适的地方存放两年以上的时间。

就像现代建筑标准化的做法一样，宋代《营造法式》没有直接给出具体尺寸来表示建筑的规模，而是通过比例来表示。为了说明某座建筑实际的规模，只需把《营造法式》中给出的标准单位——“材”以及基本单位“分”——换算成为宋朝的市制尺寸，就能得出将建造的建筑属于哪个等级以及建筑的规模会有多大。《营造法式》按照重要性将建筑的标准单位分为八个等级，每个等级的建筑不但在高度而且在平面上都规定出相应的标准，以开间数表示，从一间到十一间，而且还规定出建筑构件和装修材料的特点和大小。该书预先制定出各个等级与规模的建筑构件的统一算例，并且说明如何在具体使用时计算出建筑构件的实际尺寸。

《营造法式》对于建筑类型与形式的阐述一般都包含在它所列举的建筑样例中，但这不是惟一的，因为书中还明确地记载了建筑类型与形式的细则。它明确规定建筑应该严格遵守对称的法则；最重要的当心间的间阔应该大于其他间，各个开间相加的总间数应该是奇数；铺作斗栱应该分别安置在檐柱、角柱和补间的位置，当心间铺作斗栱是次稍间的两倍；建筑内部的柱子应按正交的柱网来布置，有时这个柱网未必完整，因为要使内部空间适应不同功能的需求，就要在建筑的内部或周边的柱网上抽减掉若干根柱子。

这些形态方面的某些规定不禁让人联想起古希腊人在建

图244　梁思成所做宋代《营造法式》中的外檐斗栱图（左上）。

图245　宋代《营造法式》中的檐柱侧脚图。南北方向的檐柱向内微倾柱高的1/125，东西方向的檐柱向内微倾柱高的1/100，这样能使构件的榫卯结合得更加紧密（右下）。

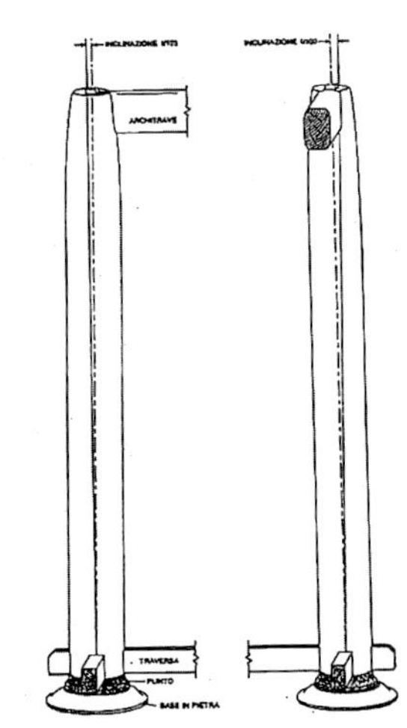

筑比例和视觉上做出的修正。特别是关于檐柱做法的一些规定：柱身最大直径不得超过三材（标准单位），柱身上分逐渐收分变细；外檐柱的高度不尽一致，而是从当心间至两侧次稍间逐渐升高，这样就能形成一条柔和弯曲的檐口曲线；外檐柱柱身略微向内倾斜，南北侧的檐柱倾斜度为高度的1/125，东西侧为1/100。最终，这些规定满足了中国人不喜欢直线的审美要求，也符合建筑结构本身的要求。正如前面讲的，中国的木作工艺主要依靠凸凹的榫卯构造来组合各种构件，榫卯构造能够很好地承受压力，而受到拉力时则容易被拆散。当檐口呈直线时，结构的自重变形使建筑四角的角柱易向外侧倾斜，使梁柱节点受到拉力的作用；而当檐口呈曲线且檐柱柱身向内

图246 梁思成根据宋代《营造法式》所做的一朵斗栱构件的分解图，构件之间全部采用榫卯，不用钉子、螺丝或木胶。

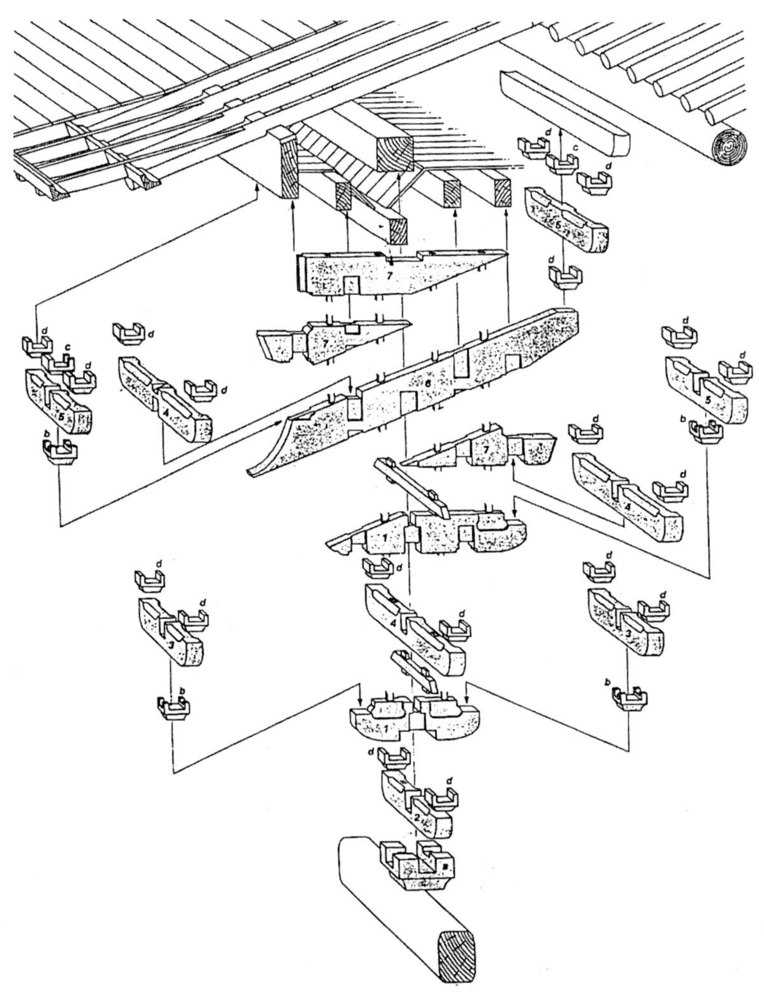

倾斜时，角柱柱头的榫卯表现为向内侧挤压，从而使梁柱节点受到压力的作用。

屋面上的椽子很密集地排列在檩条上，坡度倾斜的程度不

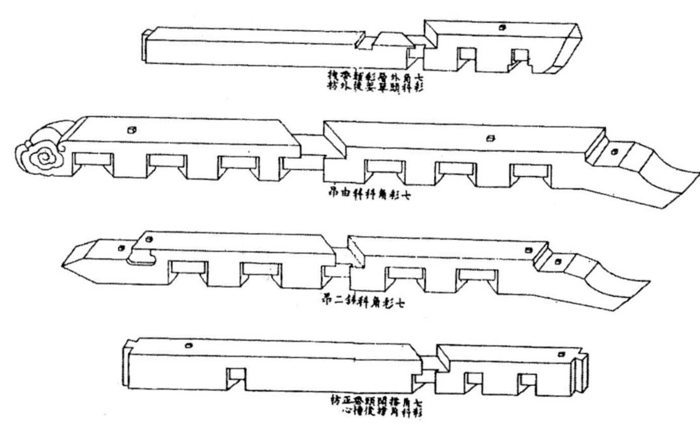

图247　宋代《营造法式》中的斗栱构件样例。书中画出所有预制化的构件，工匠可以从中选取合适的构件（左上）。

一，密集得如同“梳子齿”一般。与后来明清时期的情况相反，这时房屋脊檩的生起高度是预先设定的，按照规定，屋面的坡度必须通过举折的计算来取得，举折是每架檩条对应脊檩与檐檩之间连线的交点上降低的某个比例数值。

《营造法式》还包括有关非结构构件、细部和装饰的设计样例和说明。这样根据不同建筑种类列出的非结构的木工部件（专业术语称为小木作——译注）有门扇、窗户、隔墙、屏风、天花等。建筑细部的内容有屋檩的举折、柱脚的割口、各种栏杆的镂刻做法。装饰总样主要是建筑的雕塑与彩绘。装饰的叙述不仅指出应用哪些颜色，而且细致到指点那些应用的彩绘技巧。比如，为了使某一种色调厚重，建议用同一种颜色多次渲染而不要掺用黑色以免弄脏底色，或通过色谱上相邻的色彩关系来获得所需的色调。

则例

从《营造法式》主导的时代到我们现在的时代，中国建筑经历了一个简化和贫乏（semplificazione e impoverimento）的变化过程，这个过程大致开始于明代（公元1368 – 1644年），结束于清代（公元1644 – 1911年）。1733年清朝的工部颁布了一部皇家的建筑规范——《工部工程做法则例》，简称《工程则例》，书中所涉及的内容与宋代的《营造法式》几近相同，可是图例和操作方法相对而言增加了许多的内容。宋代建筑中以“材分”为标准单位的概念似乎在清代工匠们的头脑里已不无存，因为此时建筑规模或构件尺寸已采用新的“斗口”来表示准确的市制度量单位。此外，《工程则例》所附的图例仅表示了正文描述的37个典型建筑的27张横剖面图，没有其他建

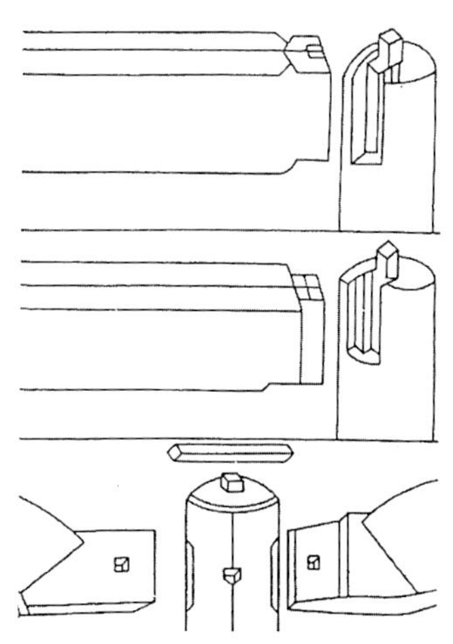

图248　宋代《营造法式》中的梁柱榫卯连接图（右下）。

筑构件、细部做法和装饰样例等的图例。这本则例的内容大概是明清时代建筑的规范做法。

明清时代建筑的总体品质也变得不那么尽如人意了。宋代法式书中例举的结构特点或规则优点很多都失传了，例如，建筑内部的立柱被安排在规则的柱网上，与外檐柱相平行；外檐柱也不再有柱身的收分，它们都一样粗细一般高，呆板地竖立着；梁架的线条总是笔直刚硬的，断面失去了3∶2最佳比例；梁架支承构件的样子更加短粗；屋顶脊檩的高度不再固定不变；屋顶升起的坡度依照举架来确定，举架的高低则要依照从挑檐檩开始算起的一组强制规定的数值。重要建筑的明间要布置六到八朵斗栱，而不是二朵；次梢间要布置五朵斗栱，而不是一朵。外檐斗栱数量的增多是因为它们的规模尺寸变小，斗栱不再有多少结构功能，只起到纯粹的装饰作用。清代建筑的斗栱似乎成了确定建筑规模的真正的一种设计模数。的确如此，在《做法则例》中建筑的面阔和进深由间数的多少来决定，但是每间的大小——即建筑的实际规模——则以斗栱的朵数来衡量。例如，明间的大小由“斗口”（坐斗的中间开口）的数量来表示，斗口作为一种长度度量代替了宋代的材分标准。

宅第的规模和房屋的特点也被皇家规定严格限制，即便有钱有势的人也不能任意选择其庭院住宅的样式，就连装饰构件抑或大门的颜色和门钉的数量也不得自行设式。例如，在明代，王府的住宅应分为前面和后面两部分，每一部分都有沿中轴排列的三栋正房，规模大于两侧的厢房。后来清朝顺治时期（公元1644－1661年，清朝第一任皇帝）规定，王府的宅门面阔为五间，屋面覆盖绿色琉璃瓦，中央三间开双扇大门，每扇门板上镶配63颗镀金门钉。王公子弟住宅的每扇门板只能镶配49颗门钉。在建筑类型缺少变化的情况下，这个严格的规定有助于区分建筑的等级和性质，当建筑都表现出相同的类型时，确实需要一个标准来表明房主的职业地位和财产的社会重要性，这样能使人立刻辨别出公共建筑和私人建筑，世俗建筑和宗教建筑，富人的府邸和穷人的住宅。假若没有明文的规定，则由传统价值观念来决定。在中国，传统的约定俗成的作用一直强于那些书面上的规定。建筑的形态结构就这样被用来明确地传播一套形式象征的体系，该体系转化的意义首先在建筑文化的传统中被定位，然后由法律来确立和规范。

图249 《钦定书经图说》，1905年出版。彩画敷施图。有的画工正在研磨调配颜料，有的画工正在木梁上面作画。

图250　宋代《营造法式》中的彩画图例，拱眼壁板的“单枝条花”彩画（右上）。

图251　宋代《营造法式》中的彩画图例，梁栿的“莲荷华”和“鱼鳞旗脚”彩画（右下）。

永久意志

中国建筑主要的基本构架早在史前时期就已经出现，在中西部地区发掘的新石器时期的村落遗址就显现出它们的痕迹。西安附近的半坡遗址是一处公元前六千年的人类聚居的原始村落，我们在这里发现的建筑面朝南，平面呈长方形，对称规则布局以及木制的承重结构。木结构建筑的技术在其他地方被更好地证明，在中国南方长江（意大利语称之为“蓝江”）中下游地区的新石器时期遗址中，发现了将村落建立在木桩基上的遗物。今天浙江省余姚的河姆渡遗址是公元前七千年人类聚居的原始村落，人们找到了榫卯结构的木工做法。这是一个采用齿

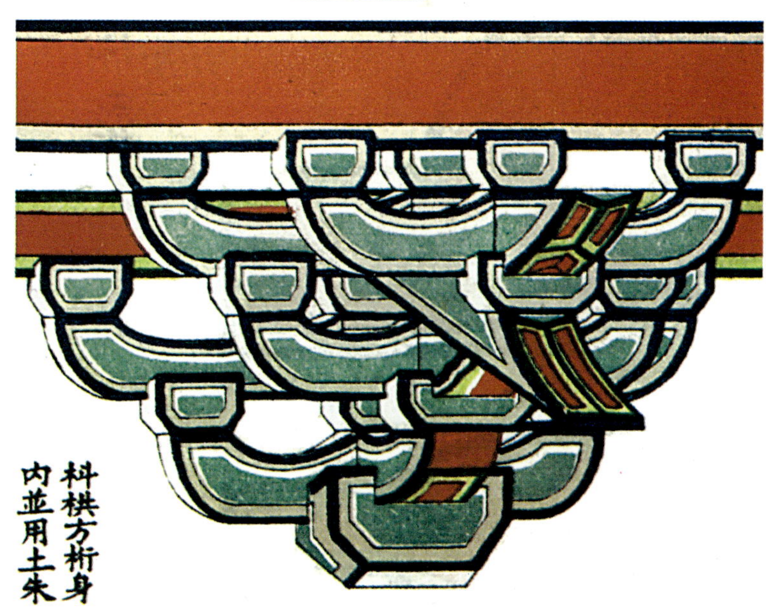

图252 宋代《营造法式》中的彩画图例，“女真和玉女” 彩画 (左上)。
图253 宋代《营造法式》中的彩画图例，斗栱的“解绿结华装” 彩画(左中)。
图254 宋代《营造法式》中的彩画图例，斗栱的“解绿装” 彩画(左下)。

状楔口连接梁柱构件的古老技术，后来发展成为中国建筑的特有技术，直至今日几乎在长江以南的所有地区还被广泛采用。

在中国，考古还是一门年轻的学科，无法估量的地下宝藏中只有微不足道的一部分被发掘出来，但是这一部分就足以证明中国建筑的形式源远流长。庭院式建筑的应用已经被年代久远的文物所证明。这类建筑最古老的原型是河南省洛阳附近的偃师市出土的二里头宫殿遗址，其第一、二文化层为公元前2400－前1900年，第三、四文化层为公元前1625－前1450年，时代属于夏商时期。如此完整的建筑形式肯定反映了一个固定沿袭下来的传统。总体布局已经有中国古代建筑的所有特征：中轴对称，格局整齐，边墙平行，主入口和大殿面向南方，两

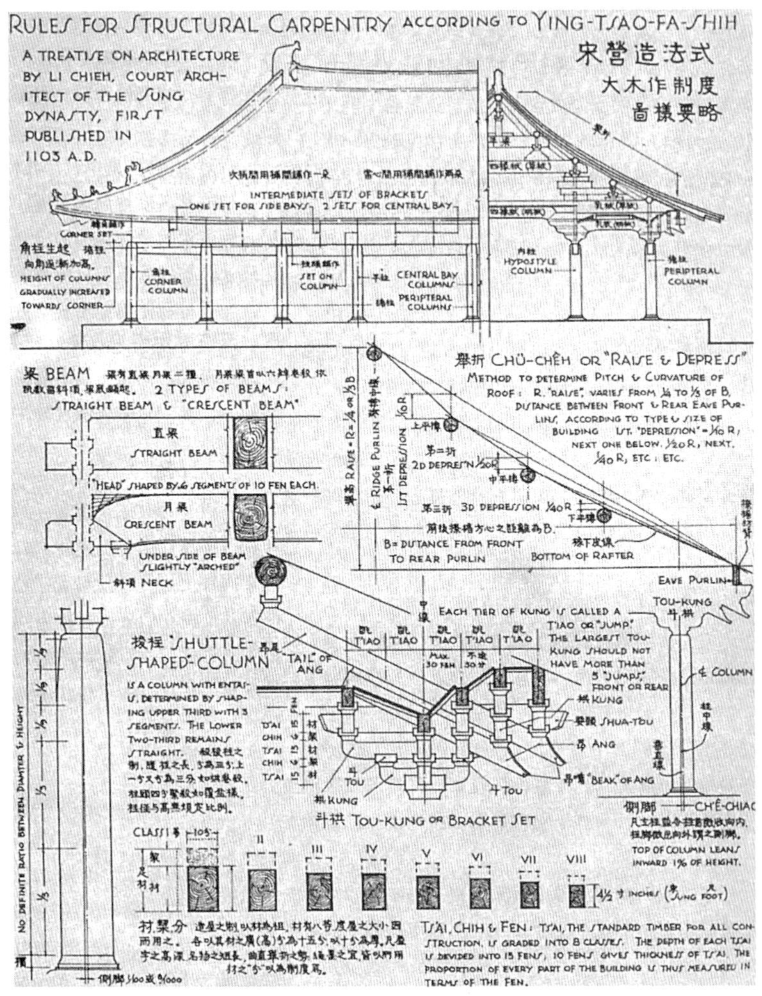

图255 梁思成根据宋代《营造法式》所做的宋代建筑大木作的图解。

侧为廊庑。大殿建立在夯土台基上，木构架柱廊，倾斜的屋顶，南北东西四边采用高大的夯土墙围合。在陕西省岐山县凤雏村出土的另一个建筑遗址，建造年代可追溯到公元前

1000年左右的西周时期（公元前1100－前771年）。建筑的平面类型已经相当成熟，从各方面看，这座遗址都堪称中国建筑，特别是四合院建筑的最早典型。建筑严格按中轴布局，左右部分对称，座北面南。建筑总体由数个院子组成，分为一个主院和两个副院，主院前侧开门，副院后侧开门并分为两个区域，日常活动区处于中央主院的显要位置，周围是布列整齐的柱廊，台基的面积与屋顶覆盖的面积约略相同，建筑基本由木构架组成，屋面覆盖（也许是局部覆盖）着瓦，主入口外侧建有一堵影壁。

凤雏村宫殿的总平面再一次复现了儒家经典之一的《书经》中所描写的宫室特征，该书专设章节相当详细地描述了王宫的形体。尽管缺少考古发现，但是通过历史文献和图象资料有可能收集到中国建筑形式演化的证据。特别是文字材料、壁

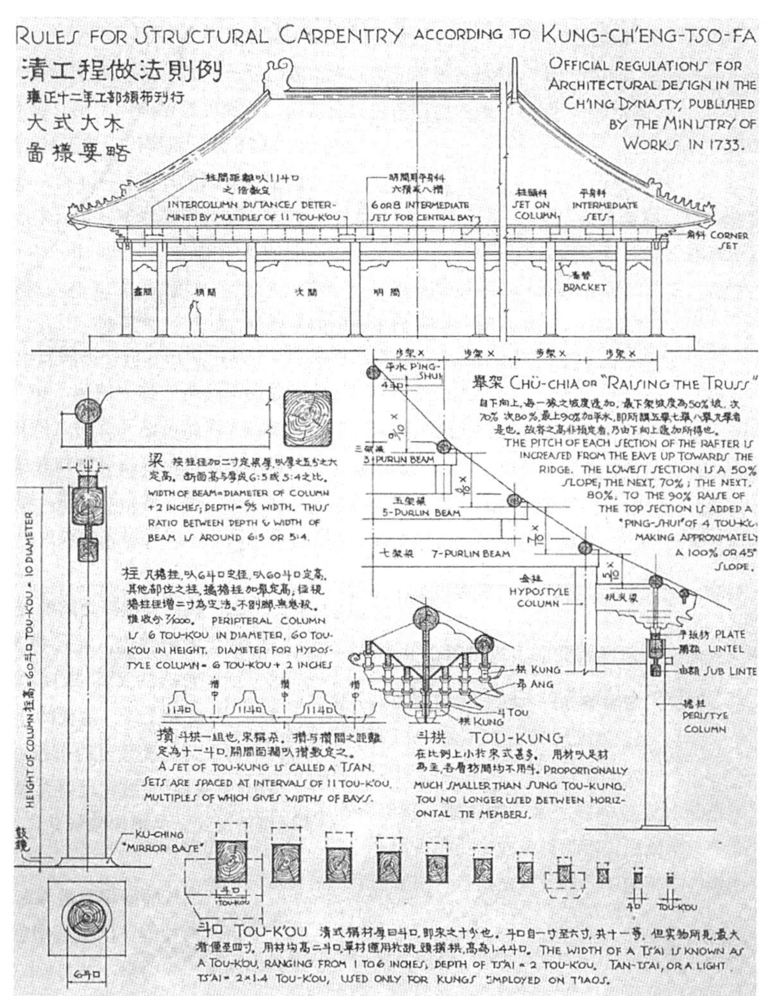

图256　梁思成根据清代《营造则例》所做的清代建筑大木作的图解。

画和陪葬陶器都证实了对庭院式建筑类型的广泛应用。成书于战国时期（公元前428－前221年）的经典文献《仪礼》描述

了公元前第一个千年期的士大夫阶层的住宅，它是由一个围墙环绕的建筑群体，已具有后来住宅的所有基本特征。宋代学者根据《仪礼》的所载做出了士大夫住宅的图示：堂是一个带有柱廊的宽敞空间，一般坐北朝南，正对着主入口，在这里进行各种社会礼仪活动，如宴请、晤谈、葬礼等；室是居寝的厅或主要套间；房、序和夹均为两侧的厢房，面积很可能更小。这时期的住宅沿着中轴对称延伸纵向空间的发展趋向似乎还未达到后世住宅表现出的重要性。汉代（公元前206－公元220年）墓葬中出土陶器表现的住宅也是庭院式的，尽管当时已经能够建造下层为畜舍、上层为住所的多层建筑，这些陶器还证明了当时的木结构技术达到了一个很高的水平。

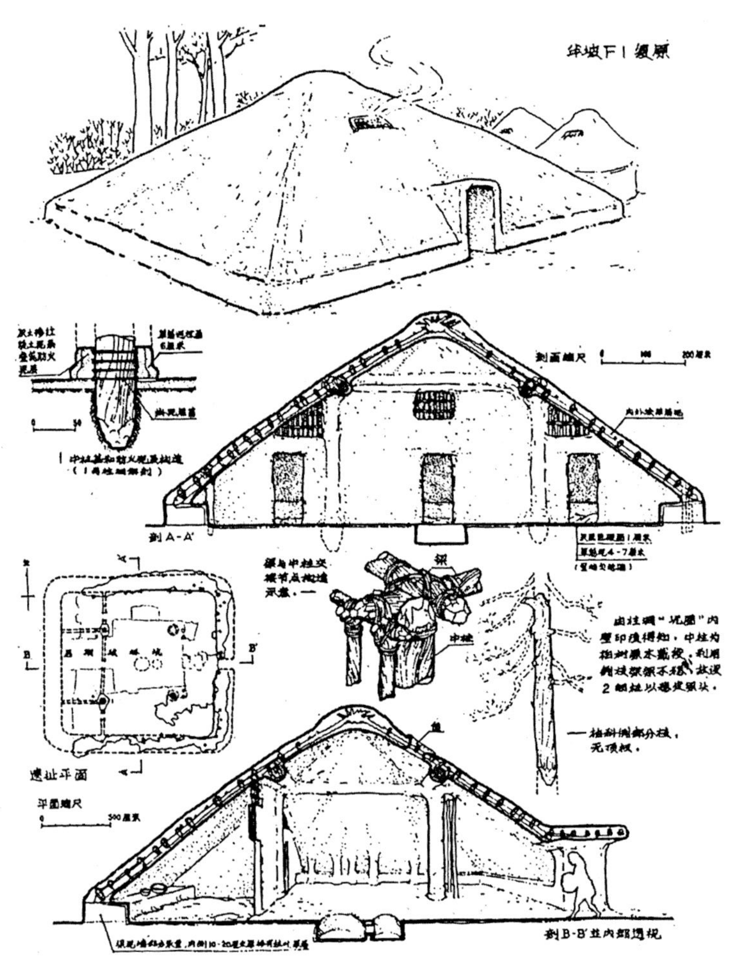

图257 陕西、西安，半坡F_1房屋遗址，新石器时期，约公元前6000年。或许是早期的明堂，已具备许多中国建筑的特征，例如方形平面，对称形式，面朝南向，木制构架。

北魏时期（公元386－534年）的出土文物证明了园林艺术的存在，而反映隋、唐和宋（公元581－1279年）时期的住宅群体绘画更是很好地展现了建筑语言的风格，清晰地表现出

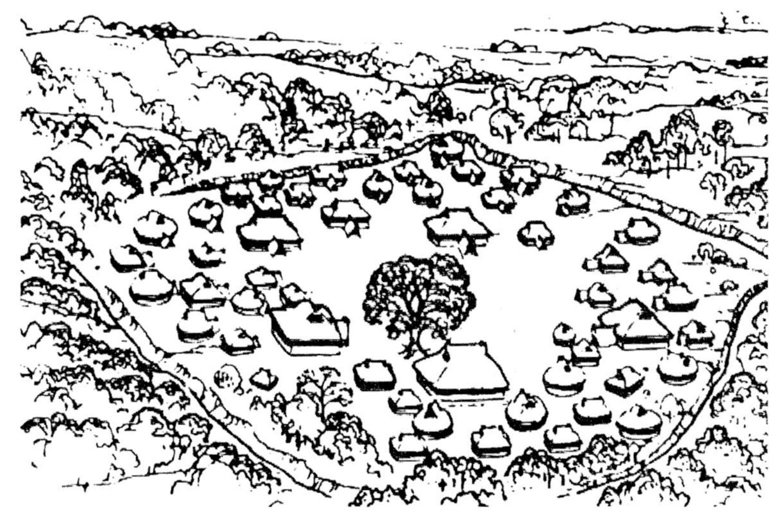

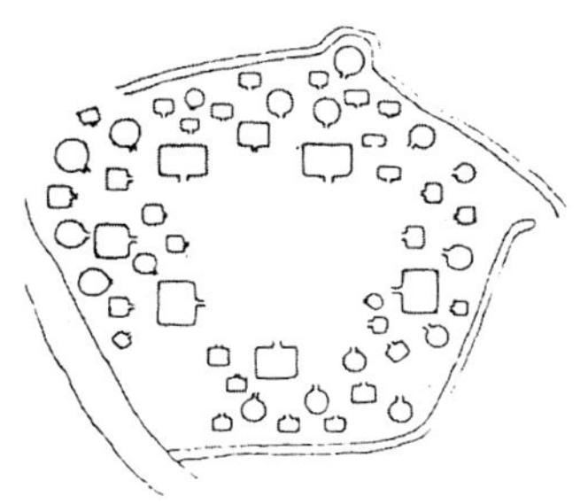

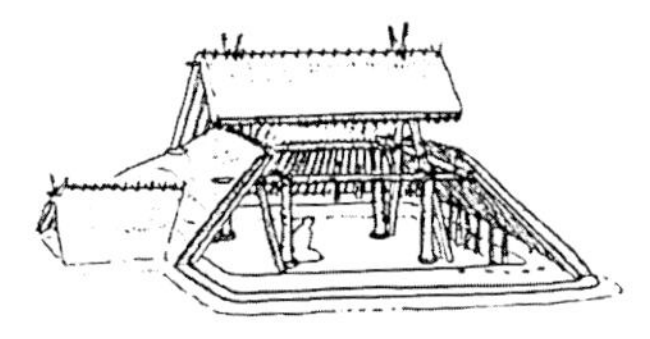

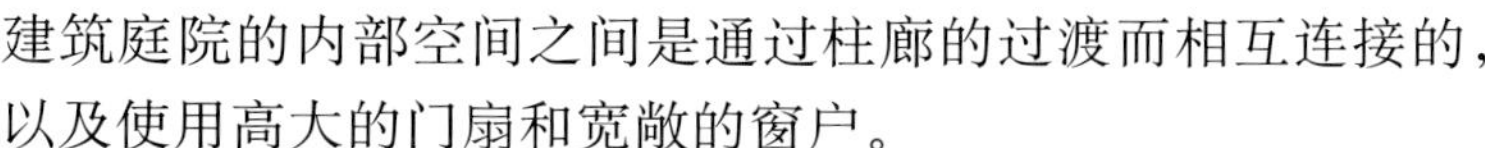

建筑庭院的内部空间之间是通过柱廊的过渡而相互连接的，以及使用高大的门扇和宽敞的窗户。

正如大家所见，中国建筑的基本型制出现的很早，而且成为后世住宅建筑发展的样板，一直延续到我们今天。实际上，建筑的基本型制和结构技术已经在公元前8世纪的河姆渡文化中出现，对称布局已在公元前7世纪至6世纪半坡文化中出现，庭院式建筑的代表出现在公元前3世纪至2世纪夏商时期的二里头遗址，成熟的庭院式建筑的典型出现在公元前2世纪至公元前1世纪的凤雏遗址，园林艺术出现在公元5世纪的北魏时期，成熟的建筑基本构件出现在公元6世纪的隋朝。“中国建筑和建造技术在型制和营造上呈现出一种令西方文化异常惊奇的延续性。我们的城市是一种建筑的品位与风格更替的博物馆，而中国传统建筑留下来的却是文化景观，就其基本构成而言，实质上几千年来都没有变化。”[3]技术上的变化也没有对社会起多大影响，因为中国文化里面充满了被称为“永久意志”的东西，当然也包括建筑文化。这里所说的永久不是物理上的，而是文化上和工艺上的：因为失败者的任何东西都不能留在他身后成为对他的一种回忆，所以失败者的建筑在礼仪般隆重的气氛里被摧毁，但是胜利者的新建筑却不断地重复原来建筑的格局和构成。因为中国建筑是在连续不断和周而复始地演化，而我们这儿保存和变革的文化占据了主要地位，其设计思想的实质是以标新立异的探索和打破常规的意志为特征。

连续不断和周而复始并不意味着停滞不前。一般来说，中国建筑特别是住宅建筑表现出对适应环境条件的差异和地区状况的变化有着极大敏感性。比如，南方住宅的某些布局就不同于我们前面分析的北方住宅。历史上，中原地区的汉民族向南

图258 陕西、临潼，姜寨聚居村落遗址，新石器时期，约公元前4600—前4000年。聚居村落分为居住区、作坊区和墓葬区三部分，占地面积约50000m²（左上）。

图259 陕西、西安，半坡遗址。房屋复原想像图。半坡遗址占地面积约70000m²，45座房屋，500—600居民（上）。

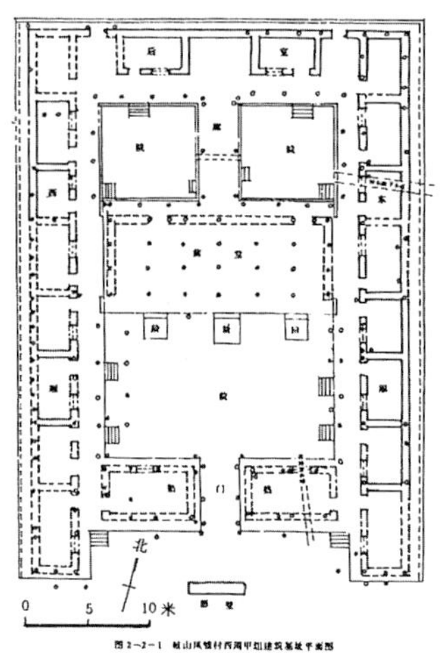

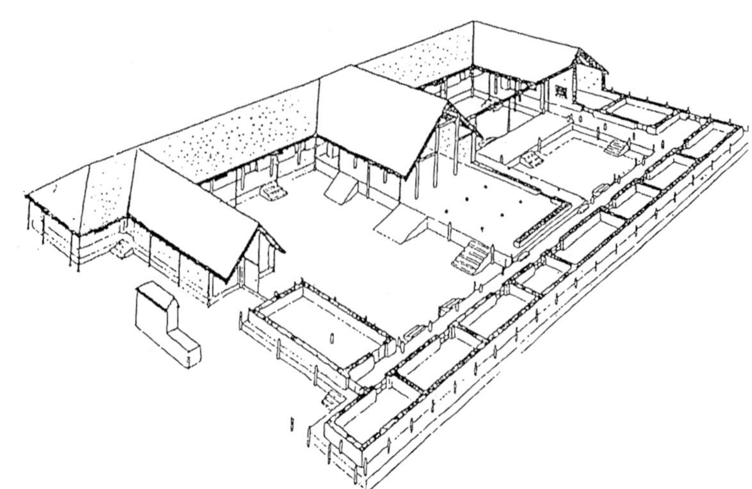

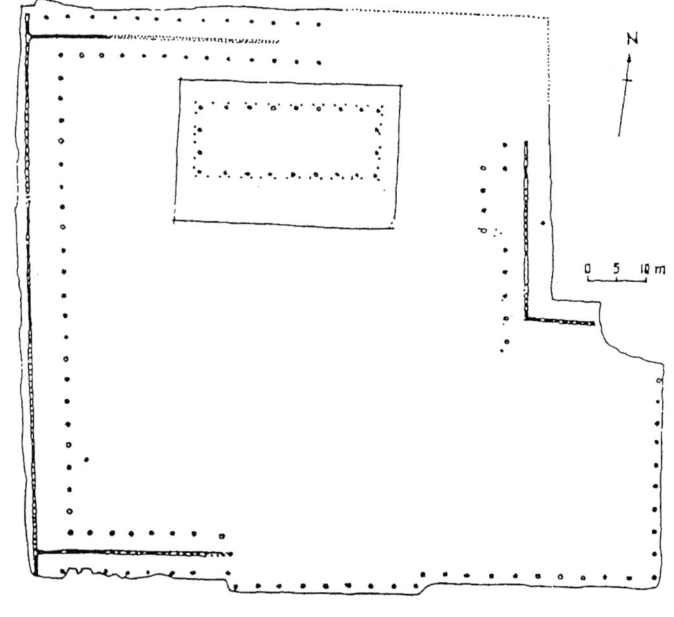

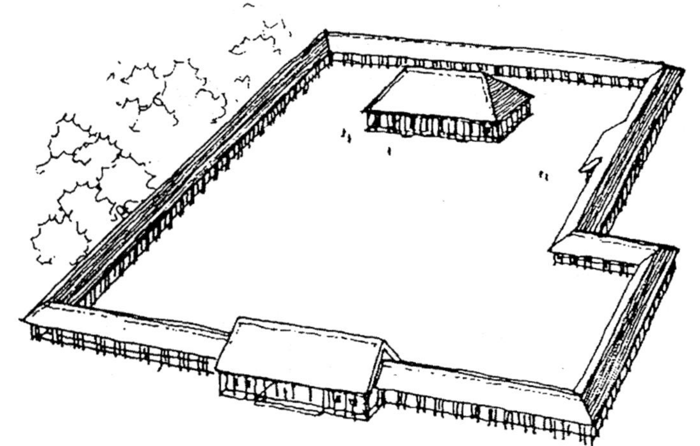

图260 陕西、岐山，凤雏遗址，公元前1100—前1000年。建筑手法成熟，严格的中轴线，坐北朝南，左右对称，主次院落，周边围廊，门前影壁，双坡屋顶（左上、右上）。

图261 河南、偃师，二里头遗址，公元前3—前2世纪。建筑具有了基本形制，低矮的台基，规则的平面，建筑中轴线，坐北朝南，对称布局，院落空间，木构架和坡屋顶，墙体采用夯土垒筑（右中、右下）。

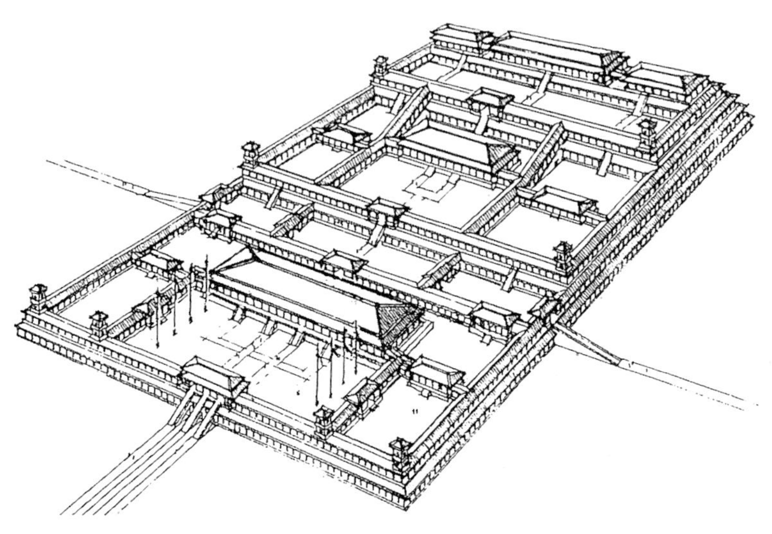

方扩张时，为了使中原地区的原本住宅适应不同的地理状况和气候条件而进行了改变，这种建筑差别是一种变化的结果，是一个逐步演化的过程。建筑工匠们对依据当地情况而产生的要求非常敏感，在不忘原本建筑型制与结构的前提下对传统的住宅形式进行调整。同时，大概是非正统的道教思想的影响，用来享受乐趣和进行艺术欣赏的部分布置在庭园里，这里随心地安排着与周围自然环境关系密切的各种构成内容，这里才被视为最适宜的居家空间，而儒家思想的说教只是体现在那些沿着中轴线排列整齐的院落的组织上。从文化的观点看，适应的目的在于保障建筑传统的永久，调整在形式逻辑上仅仅是对于结构形态做出的改变。

图 262 陕西、西安，长安城遗址，公元前 200—公元 220 年。汉代未央宫的复原想像图（上图）。

图 263 湖北、黄陂，盘龙城遗址，公元前 1600—前 1100 年。商代宫殿的复原想像图（下图）。

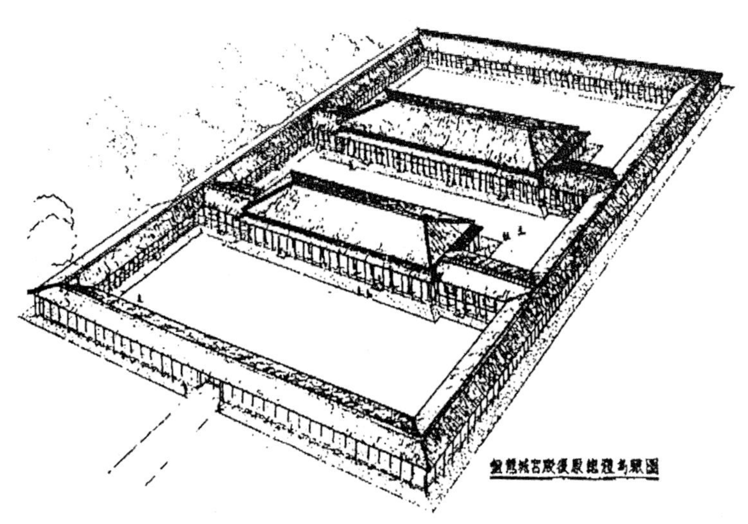

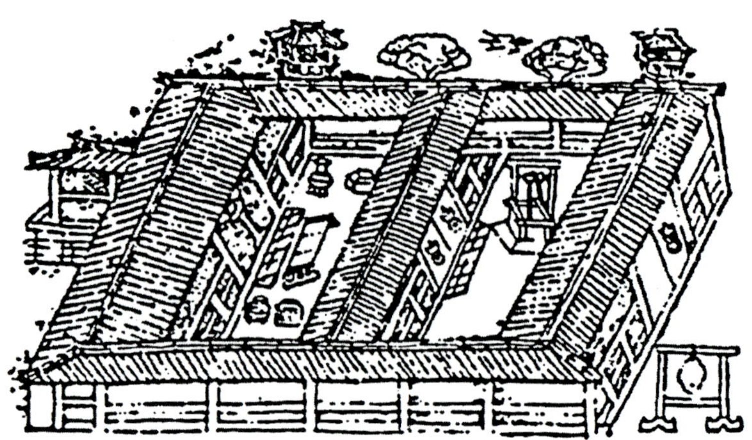

图264　山东、济南。公元3—4世纪的画像石刻,表现了一座两进院落的住宅（右上）。

图265　广东某地。汉代的陶楼，一座带有院落和楼房的住宅（右中）。

图266　汉代画像石刻，院子绕以围廊，堂屋三开间，出挑檐，侧院有一座望楼，当时的贵族竞相建造高楼。(左下)。

图267　广东某地。汉代的陶屋，上下两层，下层为仓房和畜栏，上层为居住，平面布局为“U”型（右下）。

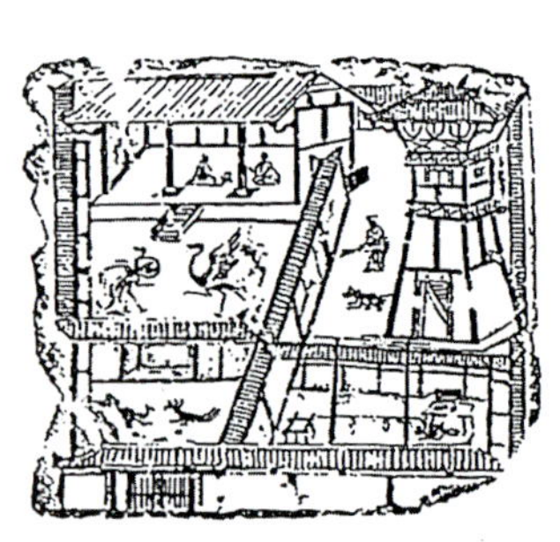

注 释

[1] R.G. Knapp, The Chinese House, Oxford University Press, Hongkong-Oxford-New York, 1990, p.28

[2] E.Glan, Chinese Building Standards in the 12th Century, in <Scietific American>, 1981,n.5

[3] R.G. Knapp, The Chinese House, Oxford University Press, Hongkong-Oxford-New York, 1990, p.1

第四章

现代北京

面对关闭的门

凤凰之死

图268 北京街头的大幅广告仍然采用人工手绘的方法完成。

凤凰也会死亡（或许会这样吧）。为了适应前所未有的社会和经济领域里对土地空间的需求，或者说今天的全面改革的需求，中国的大城市正在经历着一个以彻底革新为形式的拆除和重建过程。经过几十年的徘徊发展，今天的建筑越来越向高层发展，以解决土地紧缺的严重问题。在中国，建筑和城市文化中引进了不少新概念，例如广场、公寓、联排别墅、物业管理、公共设施、大型写字楼等。为了发展城市、为了建设房地产、城市和建筑的发展模式是全新的，一般是不加区别和不加批判地照搬西方的模式。这并不是因为那里没有建筑文化的传统而不可避免，而是因为那里存在着一种顽固的习惯势力和保守的公众热望。例如某居住区为了满足新生富人的要求，在居住人口较密的花园式住宅小区里，设计了英国式的乡间别墅和联排别墅，做法几近荒唐。此外，不可避免地要走中高密度多户型住宅的发展，加上房地产行业快速飙升的投机利润，都促使人们无条件地接受了向高空发展的多户型套房公寓楼的模式，忽视了以其他方式解决住房问题的有意义的尝试。然而，中国文化界的一些代表人物，特别是在一些大学里，发出了重新诠释中国住宅传统的呼声，重新审视典型四合院具有的户内整体空间以及各部分生活空间自主的住宅概念，考虑一种多户合居的多层中密度公寓的方案。在这种住宅设计中，各户的住房在三个楼层上进行布置，若干户人家公用一个院子，各户之间又不产生影响。这种住宅的实验在建筑界和社会上的反应良好，特别受到居民们的好评，但是由于房地产商投机性质的干扰没有被采纳为住宅的样板，因为它被匆匆定论为经济效益不好。实际上，这种住宅设计距离私人投资者希望的西方公寓楼和建筑的模式太远了，这些投资者有把握成功地用他们的理由说服政府行政部门。这是文化界与政府职能部门之间存在的互利与互重的长期关系业已破裂的征兆之一，因为后者对待前者即使不用怀疑的眼光，起码也是不信任的态度。

说到这里，中国的建筑文化似乎没有承受住突然注入的那些在西方已经成熟的新颖的建设技术和多样的设计方法，这就需要中国人以另一种特别的思维方式来应对。对于这种状况，初看时好象中国的建筑文化被我们西方的建筑文化殖民化了，她放弃了自己的独有特性和自主的自然愿望，更何况她放弃了再次确立为世界第一文化的永久意志，这种文化一直是被公认

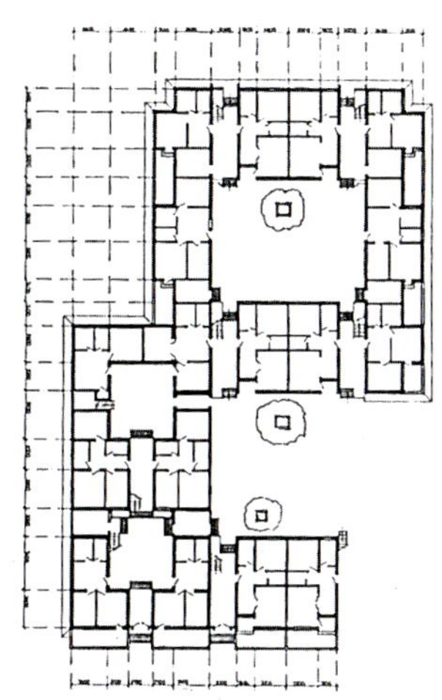

图269 北京，菊儿胡同，鸟瞰照片和底层平面图。1992年由清华大学吴良镛教授主持设计的城市旧房改造项目。设计将传统住宅的自治性和现代城市生活的需求相结合，每户人家都由自己的出入口和室外空间，然后用大院子将各户联系起来，保持邻里的亲密性。坡屋顶，小青瓦，红色坡口线的做法反映出传统建筑的特色。

图270 北京，西城区的高层居民住宅区。

的。事实并非如此，中国人正努力做着类似战后日本人的成功之举，那就是从西方世界快速地消化吸收那些有助于他们实现赶上世界发展进程愿望的东西，这个出人意料的发展进程是变化多端的，必须使建筑形式适应日新月异变化的新的社会、经济和文化结构。这样，我们再仔细看一看就不难发现，中国城市中那些明显地是从西方抄袭过来的新建筑给人一种相当奇特的感觉，产生这种感觉并非依靠那些对我们西方建筑形式的文字解释，而是依靠那些对我们西方建筑形式所采取的非正统的和有意识的利用，这种利用是为了获得有别于我们西方的审美和象征的最终目的。问题就在于中国建筑师好像自己对这个目的也不太明确，至少目前是如此，他们正在寻找什么呢？最近有一篇关注城市建设和建筑形式的文章，抛弃了西方式的成

图271 北京，天安门广场鸟瞰。

图272 北京，革命历史博物馆，总建筑面积17.18万m^2，建筑南北长336m，东西宽174m。1958—1959年由北京市建筑设计研究院和清华大学建筑系设计。

见，承认发现了一些与过去的建筑相关联的线索。这些线索与建筑传统之间存有延续性，并且不隐秘，为数也不少。要明白这一点也许有必要很快地浏览一下20世纪北京的城市和建筑的变化。

现代北京

北京的城市格局从1900年发生义和团运动以后就开始变化。当时，在四个已有的城（这里指的分别是外城、内城、皇城和宫城——译注）的基础上又加了一个带有设防的小城，里面驻扎着外国公使团，它就是今日天安门广场的雏形。西方人出于防御的考虑，打算把他们自己的公使团也围合起来，这座

图273 北京，天安门广场东侧的太庙，1949年以后被改变成劳动人民文化宫。从中国人的穿着打扮可以看出，西方的时装明显地适应了她们的欣赏口味。

图274　北京，三元立交桥。通过环形的盘道组织立体交通，适应大流量的城市交通需要（右上）。

图275　北京，东三环北路新建成的立交桥。右侧是长城饭店，1983年建成，当时是北京的第一座反射玻璃幕墙的建筑，对建筑带来了很大的影响（右中）。

图276　北京的道路系统。中心环绕式的矩形道路系统，基本是笔直的道路和正交的路口，外环道路的周长已是超大城市的尺度（右下）。

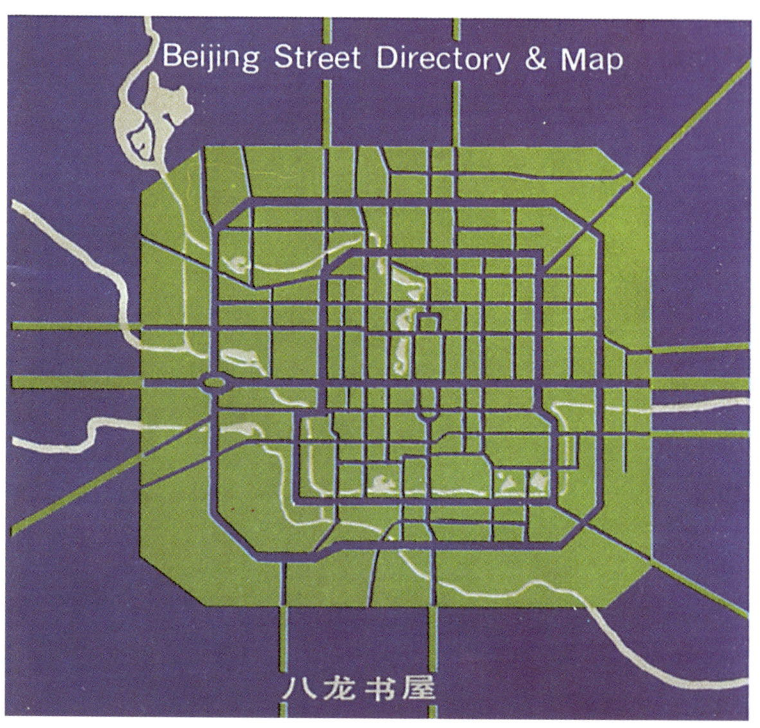

小城位于内城的西南部。但是，就像我们看到的那样，把外国人关闭在用大墙围合起来的区域里的这种传统习惯跟中国本身一样古老，他们把外国人视为野蛮人。义和团起义期间和之后，开始摧毁很多靠近天安门附近的公共建筑，这种几乎是自发的捣毁古老皇权象征的运动，一直延续到我们的今天，20世纪60年代中期的文化大革命期间达到极点。1911年，中华民国成立，打开了这条曾经封闭的皇家大道，这片开阔的地方成了人民集会的场所以及抗议、游行、动乱的舞台。1949年10月1日毛泽东在这里宣布中华人民共和国成立，又把这个地方变成为人民政权的象征，与邻近的代表皇权的紫禁城相对峙。这样，几乎不知不觉地在中国都市文化中引入了广场的概念。这片开阔地于1958年和1959年开始扩建，直至今天发展到40hm^{2}的规模，通过一系列标定边界的建设工程，才将这片开阔地完善成为广场的形式，但是还没有达到西方意义上的广场所表现出的典型空间的成熟程度。

这些新的建设更加凸显和强化了昔日皇朝的城市中轴。事实上，人民英雄纪念碑（1952－1958年）矗立在这个中轴上，位于天安门广场的中央。广场的东西两侧是两座体量雄伟庄重的的建筑，即中国革命历史博物馆（占地面积65000m^2）和人民大会堂（占地面积171880m^2），它们分别建造于1958年至1959年期间，尽管在建筑的形式设计上力图体现“民族风格”，但还是极大地受到当时苏联官方建筑风格的影响。最后，为了表达一种不受外国影响的文化自治的特征，于1977年至1978年建立了毛泽东纪念堂，其建造位置进一步加强了古老皇城的中轴。这种从容的选择与当初向东西方向发展城市的想法相矛盾，当初的选择也是出于思想意识的考虑。1949年开始建设长安街，这是一条通过皇城南面的交通干线，东西走向的道路与皇城南北中轴的正交处的中央部分以后变得非常宽阔，今天长安街的长度为42km，宽度跟老城时期一样为90m。沿着长安街这条轴线的建设活动在60年代和70年代特别繁忙，而且今天仍然在继续。1952年，拆除了天安门前御道两侧残存的东门和西门，1954年拓宽了大街，并沿着大街两侧布置着中央各部委办公楼、公共建筑、大酒店以及被分为两部分的外国使馆新区，这是地处最东端而远离市中心的真正的城中之城。在建国门外大街建造了供外国人居住的公寓群，更往北的地方为三里屯，这里是包括外国大使馆驻地的使馆区。传统的棋盘式交通体系以长安街为轴发展，同时加入了矩形的环城路和通往郊区的道路。一环、二环这两个矩形的环城路是在毁于1915年至

图277 北京，尽管大城市里的汽车数量日甚一日，三轮车仍然有着独特的用途。

图278 北京，中国人民革命军事博物馆。1958—1959年建成，北京市建筑设计研究院设计。

图279 北京，北京展览馆。1958年建成，建设部建筑设计院设计，中国建筑师在苏联专家的指导下集体完成。鸟瞰（右上）和主入口（右下），笔直的尖塔形成强有力的垂直感。

1918年间的皇城和内城城墙的基址上修建起来的，差不多就是出于消除几百年来首都封闭的可见遗迹这样的动机。在外环线的东北和西南两点连接出两条郊区道路，一条通往芦沟桥，另一条现在通往北京机场。沿着二环线下面修建了第一条地铁线，而第二条地铁线通过长安街的地下连接市中心和西郊。铁路于1911年通到北京，火车站建立在当时的外国使团区附近(即前门火车站——译注)。

北京基本上保留了几乎正方形的规则形式，就是在1949年以后也没变，尽管从那时起首都开始了迅速发展的阶段。的确，当城市规模扩张时，其最里面的实验性的棋盘式和环城式的道路系统也随之膨胀。当三环线基本竣工、四环线部分完工

图280 北京，西客站施工工地上使用的竹木脚手架，香港地区也使用这种脚手架，尽管金属脚手架逐渐代替竹木脚手架，可是安全情况并没增加多少。

图281 北京，民族文化宫。1958—1959年建成，北京市建筑设计研究院设计（左上、右下）。

图282 北京，毛主席纪念堂。1976—1977年设计建成，建筑面积20000m²。纪念堂采用一种"现代"和实用的设计手法，高台基，大柱廊，双重檐，这些都是传统建筑的变体形式，可是主入口朝北，屋顶是平屋面。

图283 北京，中国革命历史博物馆。1958—1959年建成（左下）。

时，五环线也在规划中，其西北向和东南向的端点已经建成新的郊区线路。从1949年起，为了节省城市空间，建起了相当高的公寓，最初是15层，后来就更高，一般都在离公路较远的地方，最初都是用预制混凝土板建成。在城市的东部和东南部建成了一个大规模的工业区，有冶金、纺织、化学和医药等企业，在西北部建立了大学区。

历史上遗留下来的城市格局和建筑物得到了保护、修复和再利用，天坛和紫禁城变为博物馆，紫禁城附近的太庙和社稷坛分别成为劳动人民文化宫和中山公园，景山和六个湖中的四个湖（从北向南依次为西海、后海、什刹海、北海以及后面提到的中海、南海——译注）成为公园，其余两个湖现今是党和

图284 北京，古观象台下面下象棋的人们。中国人爱玩，不时地可以看到扎堆的玩者，玩纸牌、桥牌、象棋，这些玩品有东方的，也有西方的。

图285 北京，香山饭店。1979—1982年建成，由美籍华裔建筑师贝聿铭设计。影壁置于室内，中央留出空洞，可以望见后面的流花池庭园（上图）。大面积的白色混凝土墙板采用灰砖线脚作装饰（下图）。这是一位美国建筑师在中国学习历史，但是，中国却没有西方国家那种研究历史的传统。

政府的办公地。虽然现在的城市结构仍然反映着历史遗留的基本元素，但是内城和外城的建筑却真正地发生了巨大的变化。先农坛被拆除了，在它的位置上建造了一个先农坛体育场和室内游泳馆。至于古老的城墙和16座城门，只留下了一个东南段的角楼，德胜门和前门的一部分，它们分别是从北面和南面进城的入口。德胜门通往八达岭方向；前门最近刚修复，现在标志着天安门南面的界限。到1987年城区还有大约4500条胡同，两边分布着庭院式住宅的。其中有的住宅的历史可追溯到明清（公元1368－1911年）时代。最近几年，一个旨在否定过去的都市政策使取代旧有住宅格局的进程变得非常之快；即使这样，今天仍然还有很多的古老住宅，但是大部分的状

况都很破旧，因此，对于古城的保护，在莫衷一是的纷争中，更多的保留古城面貌的政策似乎占据上风。

北京的城市结构今后也不应该改变。为争取举办2000年奥运会（虽然后来北京未入选）而制定的城市规划肯定和加强了历史古城的城市特点，南北中轴加长到26km，正交网络的道路系统保存下来，加上矩形环城道路和郊区线路，四条已建成或建设中的环线，已完成设计的五环线，在这个基础上，预计再要加上六环线，其任务就是要使这些环线与郊区相连通。另外，还将进一步加大城市地铁的运输能力，预计现有的两条线路将增加为12条线路。

图286 北京，建国门。街头挑担的小贩，1996年摄。

图287 北京，穆斯林中心。1990年建成，北京市建筑设计研究院设计。玻璃外墙，拱券，尖塔，穹顶，一座体现“阿拉伯风格”的建筑。

图288 北京，国际饭店。1987年建成，建设部建筑设计院设计。29层，104m，是当时北京最高的“国际风格”建筑。

建筑问题

当中国在1953年实施第一个五年计划的时候，苏联的技术人员和建筑师就以专家的身份被邀请参与新成立的建设部建筑设计院的工作，该院实际上被一个苏联院士领导达五年之久。在这五年的时间里，这所建筑设计院设计了约150栋建筑，其中几十栋建在北京。苏联纪念式建筑风格对这个时期的官方建筑影响很大，北京展览馆就是一个证明，它也许是中苏在建筑方面合作的最佳成果。在这个国家里，绝大部分是以水平线条表现的建筑，这是第一座中央体部大胆地向高空垂直伸展的建筑，因而引起了极大的反响和兴趣。由于中苏关系恶化，从1958年初期，国营企业、各级政府以及大中专学校的建筑设计和市政规划开始倾向于复兴中国自己的文化，但要剔除传统上“专制”和“皇权”的特点。1976至1977年集体设计建造的毛主席纪念堂是以一个现有殿堂蓝图为样板的，所有古代皇家建筑的构成元素都被简化后再加以利用：多层基座、柱廊和重檐屋顶，有意打破传统建筑常规的惟一部分是那座朝北开的大门。但是这座建筑的效果跟以往建筑表现出的浮夸和空乏没有多大的差别。1980年中国在政治和经济上向西方开放，从此以后的年代里，建筑表现出来的特点要么是将中西两种文化典型兼收并蓄的折中与杂交，要么是对于西方建筑形式明显的无条件接收。那些年代的抢眼建筑是那些为西方人建造的豪华宾馆和饭店，包括附属的服务设施在内，成为脱离城市的自给自足的建筑体。这些中外合资宾馆和饭店的设计任务基本上交给有中国血统的建筑师。例如1982年建成的建国饭店，由出生在上海的旧金山建筑师陈宣远（C.Chen）设计，约略同期的香山饭店则由出生在广州的纽约建筑师贝聿铭（I.M.Pei）设计。前一个建筑表现出拙劣的殖民文化的用心，在北京安插了一个加利福尼亚式的饭店，建筑内部的局部地方组织了一些庭院；后一个建筑表现出更为全面地揉合两种不同文化的用意，但是没有完全成功。实际上，贝聿铭以北方庭院式住宅为设计基础，又以南方的园林建筑来设计外部空间，建筑内部则强调美国式工艺技术，引进节点构件和传统材料。由于运用的手法不当，

图289 北京，琉璃厂文化街。1985年建成，北京市建筑设计研究院设计。新修复的一条古代步行商业街，建筑也采用仿古风格，卷棚屋顶，灰色砖墙，木制外檐，着力体现明代建筑风格。

抹煞了这些构件和材料作为历史见证的真实价值，因而完成了一件不能成为楷模的作品。几乎同时期的长城饭店却成功了，这是1983年根据一个美国建筑师的设计（美国盖培特国际建筑师事务所设计——译注）建成的，是在北京的第一个十足西方风格的建筑，它深受中国建筑师的欣赏以至成为其他很多宾馆和饭店的样板。

目前，北京的建筑景观似乎是以一种肤浅和失误的方式表现出西方近年来建筑文化的“风格”成就，例如功能主义、野性主义、后现代主义、高技派风格……，还掺杂了一些不太成熟的兼收并蓄，这一切现象同时涌现，显得那么不合时宜。特别是最近建成的几栋建筑，与其说好像要揉合中西文化的特征，

图290 北京，中服大厦。1997年建成，位于三环和建国门外，一座铝合金的锥塔坐落在全玻璃幕墙的筒体上，使人想起了在建筑主体上加一圈琉璃檐口的做法，当局管理部门经常会出现类似这种干预建筑设计的事情。

图291 北京，中旅大厦。大地国际建筑工程设计。四座塔楼伸出像牌楼的四根柱子，建筑顶部采用传统建筑的形式和色彩，矫揉造作地体现中国文化的精神。

不如说要促使它们的特征并列，就像用反射玻璃幕墙外装一座黄色琉璃瓦大屋顶的建筑，或者在一座钢和玻璃的摩天大楼上面放置一个铝合金的中国宝塔，最终获得的是一种扩散和传播后现代主义影响的建筑学，当然有时并非是故意去这样做的。

凤凰的余烬

中国建筑师在谈到他们的“现代”建筑时，通常把50年代以后的建筑划分为三个时期：“苏联风格”时期（1953－1958年），“民族风格”时期（1959－1979年）和“国际风格”时期（1980到现在）。这只是一个大致的划分，很可能建筑史学

图292 北京，西门子大厦。1997年建成，位于三环至机场的高速公路旁，外装全部采用玻璃和铝合金幕墙，是新近建成的最好实例。

图293 北京，台湾饭店。1990年建成，北京市建筑设计研究院设计。巨大的南向入口，建筑细部带有闽台的传统风格。

家们认为这种划分不很确切，但是我们不妨可以暂时接受，因为这样可以帮助我们理解中国现代建筑存在的普遍性问题，也包括近年来那些新建筑的形式来源问题。的确，根据中国建筑师的看法，用“风格”一词来评定新建筑的首要问题是一个语言用词的问题。其次我们认为，“风格”一词说明中国建筑师并不认为应该从整体上思考和研究建筑设计的各种问题，而是应该建立一个建筑与社会之间的新的伦理关系。此外，与“苏联”和“国际”相对立的“民族”一词也说明不论是对中国传统建筑还是对西方现代建筑而言，让它来正确地表现也很困难。实际上这个困难的产生恰恰与“风格”的概念背道而驰，因为随着时间的推移，人们会采用不同的形容词来表达不同时期的建筑理念，这些词语的产生不仅仅是为了从语言上满足形式的要求，更是为了给予那些以新技术和新材料体现出来的社会与经济需求一个正确的答案。

在建筑实践活动中，中国建筑师基于自身文化的内在原因，不善于从历史和评论的角度对所提出的设计方案的形式做出深刻分析。实际上，他并不想充分还原一个建筑语言的深层结构，只是想以一个表现者的身份去表现建筑语言的只言片语(gli stilemi)，而且是那些极易被大众辨认的只言片语，通过对那些只言片语的形式模仿来传达诸如权力、现代化、财富、进步等基本信息。建筑上所表现的这些价值观念通常不是设计者本人的伦理与理念的自然流露，实际上是政治和经济的权力阶层所希望并且推而广之的价值观念，充其量设计者只是表示同意而已。某种流行建筑风格的开始与终结总是和对外政策发生重大变化的时间相吻合，这种现象并非偶然；某个建筑师会根据国内的政治气候在不同的时期设计出不同风格的建筑，这种事情也不足为奇。古代儒家提出的服从伦理似乎仍然根深蒂固，直到今天，中国人可以在个人的小圈子里面尽其所能，但在公共场合必须服从政治和社会的大局。而在远东其他国家，这种儒家思想与资本主义精神相结合，获得了民主与财富。这样中国建筑师似乎(也许只是还未表现出来)无意去探讨其劳动创造的知识产品或设计成果与思想意识和政治世界之间的辩证关系，也不愿意把个人信仰或创新意念付诸建筑中。正因为如此，一个建筑师倘若放弃研究建筑形式的内在结构，他就不能创造自己的独特的建筑语言，而只能从西方世界或从本国传统建筑里面摘取一些建筑的只言片语，然后非常局限地给它们

图294 北京，Selit 商场方案。清华大学庄惟敏设计，1993年。

附加上诸如喜庆或商贸之类的新意义。

建筑理论的缺乏反过来又导致这些建筑语言的革新者重蹈老路或重提旧事。把建筑成果生动的多样性归结为一些常规的建筑形态的规则，不去考虑建筑形态与建筑历史的直接关系，而只是注重它们与历史文字记载的关系。这样的做法就不可能领悟到中国建筑传统中那些“现代”成分；也不可能发展建筑传统中的永恒元素，这些构成建筑传统的永恒元素恰恰被现代建筑运动发扬光大，例如承重结构与围护结构的独立性、框架结构、内部的连续空间和可移动的分层隔板、结构构件的标准化和预制化、“太阳能建筑”的研究、建筑语言的分析倾向以及其他元素。

在摆脱清规戒律的沉重束缚之后，中国的建筑师第一次面对着探讨自由语言的问题，宛如面对着一扇关闭的大门，一切似乎都显示出不成功的样子。实际上在建筑实践活动中，情况更为复杂，很多最重要的建筑是依靠外资建成的，由以外国建筑师起决定作用的团体进行设计，这些建筑师有美国人、日本人，甚至是香港人、台湾人或新加坡人。此外，建设项目的地方当局在建筑形式的选择上有着直接参与的大权，带有使“国际”语言“民族化”的企图，对提交不同建筑方案的建筑师提出强制要求。但这些还不足以说明一切，中国建筑师针对当前我们西方的建筑采取一种拿来即用的工具化态度，他们无意去深入了解西方的审美思想，只想简单地把我们西方的形态剧目搬到他们的文化环境的场景中去表演。实际上中国建筑师想尝试一种新的土生语言，这种语言不再以建构学为基础，也

图295 深圳，深圳大学学生活动中心，1993年建成，深圳大学建筑设计院设计。

图296 上海，天目广场大厦方案，清华大学 B.Yuan 和 W.M.Zhuang 设计，1994 年。

不再以官方规定的那些琐碎象征的动机为基础。中国建筑师想寻求一个符号的集合体制，符号本身的意义由学科的独立领域来进行诠释，即从建筑学学科的内部来进行，这样，符号最终就不再会被作为元语言（metalinguaggio）而加以利用，去传播字面上的主要意义。这样一来，他们就会有兴趣从西方提取某些典型风格的建筑方案，仅仅作为一种建筑语言的未成句式(una sorta di prelavorato linguistico)，并借此来通过对构件和部件的解构，镶拼和自由组合来完成语句的意义转换。

中国的建筑师遵照这样的建筑设计理念，把组织建筑元素的基本重要性放到了设计活动以外的地方，因为已经有人预先定下了条条框框。这样，建筑作品的意义就不是集中在某种设计语言选择的自由上，而是在某种集体协商的结果上，其实就是在风格上。倘若说到底，我们认为，这种建筑创作方式与传统建筑的营造方式没有多大的差别。因此我们说，也许凤凰没有死，她只是暂时藏身在自己的余烬中，一旦领悟到如何能够彻底的脱胎换骨的时候，她将会再次展现自己的芳容。

译后记

我与路易吉·戈佐拉教授相识至今已经整整十年了。他在意大利罗马大学（L'Universita' degli Studi di Roma "La Sapienza"）建筑学院讲授建筑设计，同时，对于中国建筑文化也有着极为浓厚的兴趣，一直负责罗马大学与中国几所大学的学术交流事务。近几年，他在中国举行过学术会议、展览和讲座，在意大利撰写了介绍和研究中国建筑文化的文章。他每年都要来中国进行考察和访问，他的护照上面几乎盖满了中国的签证章。

《凤凰之家—中国建筑文化的城市与住宅》是戈佐拉教授近年来研究中国建筑文化的心得积累。作为一位在西方优秀历史文化国度里生活的学者、一位不受中国建筑历史文化影响的局外人，他自然而然地会站到与我们不同的立场和视角上来看待中国建筑文化，思考、分析和评价中国建筑文化的城市和住宅，提出一些新颖的抑或独特的看法和观点。

作者将中国建筑视为凤凰、而不是通常我们认为的龙。中国历史上每每的改朝换代，中国建筑都要遭受轮回般的劫难。但是，新建筑的建立却仍然承袭旧的建筑制度，建筑制度的更新是极为鲜见的。《考工记》的营国制度影响中国城市两千余年，三千多年前西周时期的四合院与今天的四合院一脉相承，寺庙建筑形制可以说是宫殿建筑形制的翻版……，这一切都与西方建筑文化的历史表现大相径庭。因此，作者深切地感到，西方建筑文化强调建筑艺术的永恒性，而中国建筑文化则蕴藏着一种意志的永恒性。正是这种意志的永恒性，使得中国建筑像凤凰一样，她每每在火光中涅磐，又每每在燃烬中再生。

作者写这本书的目的是向意大利的读者介绍中国建筑文化，在论述和评价中国的城市和建筑时，是以西方的历史观和价值观为出发点的，中国读者可以持自己的独立观点来阅读这本书，只要认为作者对于中国建筑文化的态度是诚恳和真实的就可以了。

通过这本书，我们可以了解到西方人是如何看待我们中国建筑文化的，就向西方学者总是想知道中国人怎么看待西方建筑文化一样，恐怕自己的建筑文化在传播的过程中，信息不真实、形象不完整、理念被误解。双方都想知道自己在对方心目中会得到什么样的认识和判断，这是文化交流与发展的基础，因为我们今天的时代发展毕竟进入了一个倡行对话、力戒对抗的新世纪。

2002年，当作者打算在中国出版这本书的时候，向我提供了一个正文的译稿，由留意学者祁玉乐先生翻译。译稿质量显得粗糙，特别是许多建筑设计专业方面的概念、术语、名称不甚准确，达不到出版要求。因此，我除了对原书的正文进行了翻译外，又翻译了原书的插图说明和相关注释。同时，为了方便中国读者，对原文的注释做了摘要性引录，只是删去了那些中国读者熟悉而意大利人不熟悉的注释内容。译文中必要的地方加上了译者的注解。这样处理一下，这本书的整体性就显得更加完善一些，也更加符合作者的心愿。

在这里首先感谢祁玉乐先生的正文译稿，假若没有他的这份译稿作为参考，我完成翻译工作的日期无疑会拖延的。

特别感谢中国科学院院士、上海同济大学的郑时龄教授欣然为本书作序。他曾在意大利学习过，对那里的建筑文化有着更直接的了解和广泛的认识，同时他也是戈佐拉教授的朋友。

最后，对中国建筑工业出版社的王明贤先生、黄居正先生以及各位同仁，在他们的热情支持和协助下，使得这本书尽快地与读者见面。

刘临安，2003 年春月